T0145067

essentials

essentials liefern aktuelles Wissen in konzentrierter Form. Die Essenz dessen, worauf es als „State-of-the-Art" in der gegenwärtigen Fachdiskussion oder in der Praxis ankommt. *essentials* informieren schnell, unkompliziert und verständlich

- als Einführung in ein aktuelles Thema aus Ihrem Fachgebiet
- als Einstieg in ein für Sie noch unbekanntes Themenfeld
- als Einblick, um zum Thema mitreden zu können

Die Bücher in elektronischer und gedruckter Form bringen das Expertenwissen von Springer-Fachautoren kompakt zur Darstellung. Sie sind besonders für die Nutzung als eBook auf Tablet-PCs, eBook-Readern und Smartphones geeignet. *essentials:* Wissensbausteine aus den Wirtschafts-, Sozial- und Geisteswissenschaften, aus Technik und Naturwissenschaften sowie aus Medizin, Psychologie und Gesundheitsberufen. Von renommierten Autoren aller Springer-Verlagsmarken.

Weitere Bände in dieser Reihe http://www.springer.com/series/13088

Domenico Giulini · Claus Kiefer

Gravitationswellen

Einblicke in Theorie, Vorhersage und Entdeckung

Prof. Dr. Domenico Giulini
Gottfried Wilhelm Leibniz
Universität Hannover
Hannover, Deutschland

Prof. Dr. Claus Kiefer
Universität zu Köln
Köln, Deutschland

ISSN 2197-6708 ISSN 2197-6716 (electronic)
essentials
ISBN 978-3-658-16012-8 ISBN 978-3-658-16013-5 (eBook)
DOI 10.1007/978-3-658-16013-5

Die Deutsche Nationalbibliothek verzeichnet diese Publikation in der Deutschen Nationalbibliografie; detaillierte bibliografische Daten sind im Internet über http://dnb.d-nb.de abrufbar.

Springer Spektrum

Gedruckt auf säurefreiem und chlorfrei gebleichtem Papier

Springer Spektrum ist Teil von Springer Nature
Die eingetragene Gesellschaft ist Springer Fachmedien Wiesbaden GmbH
Die Anschrift der Gesellschaft ist: Abraham-Lincoln-Str. 46, 65189 Wiesbaden, Germany

Was Sie in diesem *essential* finden können

- Einführung in die Physik der Gravitationswellen unter besonderer Berücksichtigung der aktuellen Beobachtungen
- Astronomische Bedeutung von Gravitationswellen
- Zusammenhang mit der Physik Schwarzer Löcher und der Kosmologie

Vorwort

Einsteins *Allgemeine Relativitätstheorie* ist die heute akzeptierte, weil durch hinreichend viele Beobachtungen und Experimente bestens bestätigte Theorie der Gravitation. Sie bildet das große Finale der Physikepoche, die man im Jargon der Physiker oft „die klassische" nennt. In den gut hundert Jahren, die vergangen sind, seit Albert Einstein dieser Theorie ihre endgültige mathematische Form gab – seine entscheidende Arbeit erschien am 25. November 1915 – hat sie eine fast unglaubliche Entwicklung genommen, die anfänglich wohl nicht nur die zahlreichen skeptisch bis ablehnend eingestellten Physiker für unmöglich gehalten hätten.

In der Tat sah es anfangs nicht gut aus: Großer mathematischer Aufwand schien einem verschwindend kleinen physikalischen Ertrag gegenüberzustehen. Zu selten und zu uneindeutig gab es überhaupt einen Kontakt zwischen Theorie auf der einen und Experiment oder Beobachtung auf der anderen Seite. Dieser Zustand dominierte die ersten 50 Jahre nach Einsteins Wurf, obwohl sich etwa ab 1955 erste verhaltene Lebensäußerungen bemerkbar machten, so dass die Jahre nach 1955 bis etwa 1970 auch als die *Renaissance* der Allgemeinen Relativitätstheorie bezeichnet werden. Für die seither anhaltende, sich ständig beschleunigende Entwicklung ist kein Ende abzusehen. Eins ums andere Mal wurden bis heute die zum Teil spektakulären Vorhersagen der Theorie bestätigt und mitunter alternative Theorien falsifiziert. Begriffe wie „Urknall" oder „Schwarzes Loch" kennt heute jeder Schüler und die scheinbar so esoterisch anmutenden Aussagen über den Einfluss des Gravitationsfeldes auf die Messung von „Zeit" sind Grundlage von Technologien des alltäglichen Gebrauchs geworden, etwa den Navigationssystemen.

Nur eine der zentralen Forderungen der Allgemeinen Relativitätstheorie war bis vor kurzem nur indirekt bestätigt: die Existenz von Gravitationswellen. Umso enthusiastischer wurde daher am 11. Februar 2016 weltweit die Nachricht verkündet, dass Gravitationswellen nun endlich auch erstmals mit einem Detektor auf der Erde direkt nachgewiesen wurden, und zwar am 14. September 2015, gefolgt von einem weiteren Signal am 26. Dezember. Und als sei es damit nicht genug, ergab die genaue Analyse der Daten als Verursacher dieses Signals einen Prozess, der auch die Vorstellungskraft der abgeklärtesten Physiker auf eine wahrlich harte Probe stellt: die Kollision zweier Schwarzer Löcher von je etwa dreißig Sonnenmassen in einer Entfernung von etwa einer Milliarde Lichtjahre, mit einem Energieausstoß, der kurzzeitig der Leuchtkraft des gesamten sichtbaren Universums entsprach!

All das wollen wir in diesem Band der Reihe *Springer Essentials* darstellen und einordnen. Dabei sollen nicht nur Fakten präsentiert, sondern auch Hintergründe geschildert und weiterführende Gedanken diskutiert werden. Wir sind guter Hoffnung, mit unserer Darstellung auch bei Nichtphysikern auf Interesse und Begeisterung zu stoßen, auch wenn sie die eine oder andere Formel stillschweigend überlesen. Unser Anliegen nach Verständlichkeit ist aber durchaus ernst gemeint, gemäß Einsteins Diktum: „Man muss die Dinge so einfach wie möglich machen – aber nicht einfacher!"

Danksagung

Wir danken Dr. Norbert Wex vom Max-Planck-Institut für Radioastronomie in Bonn für die freundliche Bereitstellung von Abbildung 3 und einiger damit im Zusammenhang stehender Auskünfte, sowie Dr. Lisa Edelhäuser vom Springer Verlag für die kompetente und konstruktive Zusammenarbeit.

Hannover, Deutschland — Domenico Giulini
Köln, Deutschland — Claus Kiefer
September 2016

Inhaltsverzeichnis

1 Einleitung: Warum überhaupt „Wellen"?

Um die physikalische Bedeutung der nunmehr gesicherten Existenz von Gravitationswellen richtig zu verstehen, ist es notwendig, einleitend etwas über den vielfältig verwendeten Begriff der *Welle* zu sagen. Wir tun dies absichtlich etwas ausführlicher, denn es geht uns hier auch darum, möglichen Missverständnissen vorzubeugen, die oft durch einen zu weit gefassten umgangssprachlichen Gebrauch dieses Begriffs nahegelegt werden.

In der Tat umfasst das Wort *Welle* umgangssprachlich eine Vielzahl von Phänomenen, selbst dann, wenn damit ausdrücklich nur physikalische Erscheinungen bezeichnet werden sollen. Ganz allgemein assoziiert man damit dann Ausbreitungsvorgänge in Medien, wie auf der Oberfläche und unter Wasser (Wasserwellen), in Luft (Schallwellen) oder auch Festkörpern (ebenfalls Schallwellen genannt). Diese können räumlich und zeitlich stark lokalisiert sein, etwa bei einer einzelnen Oberflächenwelle auf dem Meer oder in Luft bei dem kurzen Knall einer Explosion. Sie können aber auch ausgedehnt und im Raum und in der Zeit mehr oder weniger periodisch auftreten.

Diese Willkür im Sprachgebrauch hat sich in die Physik zu einem gewissen Grad fortgesetzt. Trotzdem spielen in der *theoretischen* Beschreibung von Wellenphänomenen aller Art die streng periodischen Wellen eine ausgezeichnete Rolle. Der Grund dafür ist, dass sich aus diesen alle anderen Wellen durch Überlagerung (Superposition) zusammensetzen lassen, eine mathematische Tatsache, die zu Ehren des französischen Physikers und Mathematikers Jean-Baptiste Joseph Fourier (1768 bis 1830) „Fourier-Theorem" genannt wird. In der Physik bedeutet das, dass man allgemeine Ausbreitungsvorgänge mathematisch auf die Gesetze der Ausbreitung streng periodischer Wellen zurückführen kann. Tatsächlich kann man sich dabei sogar auf spezielle periodische Wellen beschränken, nämlich solche, deren Wellenform *harmonisch* ist und die mathematisch durch die Sinus-Funktion (alternativ: Cosinus-Funktion) dargestellt werden. Harmonische periodische Wellen

D. Giulini und C. Kiefer, *Gravitationswellen,* essentials,
DOI 10.1007/978-3-658-16013-5_1

können neben ihrer Amplitude dann einfach durch ihre *Wellenlänge* und *Frequenz* charakterisiert werden. Aus solchen speziellen periodischen Wellen zusammengesetzte allgemeine „Wellen" besitzen ein ganzes *Spektrum* an Wellenlängen und Frequenzen, das umso reichhaltiger (die Physiker sagen „breiter") ist, je mehr die Form der zu modellierenden Welle von der einer harmonischen abweicht. Will man insbesondere einen akustischen „Knall"(extrem kurze Zeitdauer) durch periodisch-harmonische Wellen zusammensetzen, so braucht man dazu alle Frequenzen mit annähernd gleicher Amplitude. Das Spektrum ist also extrem breit, sodass man sagen kann, dass in einem Knall – der ja sonst keinerlei Periodizität aufweist – alle Frequenzen annähernd gleich stark vertreten sind.

Zur weiteren Veranschaulichung denken wir uns Wasserwellen auf der Oberfläche eines sonst ungestörten Sees. Diese seien verursacht durch eine am Seegrund angekettete, schwimmende Boje, an deren Kette ein Taucher in gleichbleibenden festen Zeitabständen τ die Boje leicht nach unten zieht und sofort wieder loslässt. Ausgehend von der Boje wird dadurch die Höhe der Wasseroberfläche periodisch verändert und pflanzt sich in konzentrischen Kreisen um die Boje als Mittelpunkt fort. Denkt man sich diesen Vorgang hinreichend lange fortgesetzt und sieht von möglichen Reflexionen der Welle an den Seeufern ab, so wird sich ein in Raum (womit hier die Seeoberfläche gemeint ist) und Zeit periodischer Vorgang einstellen. Auf einer Fotografie, die den See zu einer festen Zeit zeigt, variiert die Höhe der Wasserlinie periodisch mit dem Abstand zur Boje, wobei sie mal höher und mal tiefer als das Niveau des ungestörten Sees liegt. Der Abstand zwischen zwei radial aufeinderfolgenden Wellenbergen (oder Tälern) heißt *Wellenlänge*. Sie wird meist mit λ (dem griechischen Buchstaben „Lambda") bezeichnet und hat die physikalische Einheit einer Länge (etwa Meter). Das Inverse der Wellenlänge ist die *Wellenzahl*. Sie wird oft mit κ (dem griechischen Buchstaben „Kappa") bezeichnet, es gilt also $\kappa = 1/\lambda$. Sie hat die physikalische Einheit einer inversen Länge. Multipliziert man κ mit einer festen Länge L, so erhält man eine einheitenlose Zahl. Diese gibt an, wie viele Wellenlängen in die Länge L hineinpassen.

Bleibt hingegen der Beobachter an einer festen Stelle des Sees (relativ zum Grund), also im festen Abstand zur Boje, dann wird sich die Wasserhöhe zeitlich periodisch verändern. Die Zeitspanne zwischen zwei aufeinander folgenden Höchstständen (oder Tiefstständen) der Wasserhöhe heißt *Periode* der Welle. Sie hat die physikalische Einheit einer Zeit (etwa Sekunde) und wird mit τ (dem griechischen Buchstaben „Tau") bezeichnet. In unserem Beispiel wird τ genau dem Zeitabstand entsprechen, mit dem der Taucher an der Kette zieht. Das Inverse der Periode heißt Frequenz und wird mit ν (dem griechischen Buchstaben „Nü") bezeichnet. Die Einheit der Frequenz ist eine inverse Zeit. Multipliziert man die Frequenz mit einer festen Zeit T, erhält man wieder eine einheitenlose Zahl. Diese gibt an, wie viele Perioden in das Zeitintervall T passen.

Den Betrag der maximalen Auslenkung A einer Welle bezeichnet man als ihre *Amplitude*. Ihre physikalische Einheit hängt davon ab, um welche Zustandsgröße es sich bei der wellenförmigen Ausbreitung handelt. Im Falle der Wasserwelle ist es die vertikale Auslenkung der Wasserhöhe über Normalniveau, die in einer Längeneinheit gemessen wird (etwa Meter). Die zu einer festen Zeit an einem festen Raumpunkt tatsächlich vorliegende Auslenkung ist kleiner oder höchstens gleich der Amplitude. Dies stellt man mathematisch dar als das Produkt der Amplitude mit einer im Intervall zwischen +1 und -1 periodisch variierenden Funktion, die im Falle harmonischer Wellen eben gerade die bereits genannte Sinusfunktion ist und die wir, wie allgemein üblich, mit „sin" abkürzend bezeichnen. Ihr Argument enthält seinerseits eine Funktion, die von der Zeitkoordinate t und den Ortskoordinaten $(x, y, z) = \mathbf{x}$ abhängt. Dieses Argument nennt man *Phase* der Welle und ist eine reine Zahl, also ohne physikalische Einheit (der Physiker spricht dann von einer einheitenlosen Größe). Im Falle der Kreiswellen auf der Oberfläche eines Sees ist die Phase gegeben durch

$$\phi(t, \mathbf{x}) = 2\pi(\kappa r - \nu t), \tag{1.1}$$

wobei r den horizontalen Abstand von der Boje bezeichnet. Die Punkte gleicher Phase, etwa der Phase $\phi = 0$, genügen der Gleichung $\kappa r - \nu t = 0$, oder $r/t = \nu/\kappa$. Sie breiten sich also radial mit der Geschwindigkeit

$$v_p = \nu/\kappa \tag{1.2}$$

aus, die man deshalb auch *Phasengeschwindigkeit* der Welle nennt. Nach dem Gesagten können wir die gesamte Welle dann mathematisch darstellen durch die Funktion

$$H(r, t) = A \cdot \sin\big(2\pi(\kappa r - \nu t)\big). \tag{1.3}$$

Diese gibt die Höhe H der Wasserlinie des Sees über Normalniveau als Funktion von r und t an, sofern die Wellenzahl κ und die Frequenz ν gegeben sind. An dieser Stelle erklärt sich auch der Faktor 2π ($\pi = 3{,}14159..$ ist die Kreiszahl „Pi"), der den Ausdruck der Phase (1.1) multipliziert: Er bringt die 2π-Periodizität der Sinus-Funktion in Einklang mit der Forderung, dass die Welle in radialer Richtung die Periodizität $\lambda = 1/\kappa$ und in der Zeit die Periodizität $\tau = 1/\nu$ besitzt.

Die *Phasengeschwindigkeit* ist mehr oder weniger durch die Materialparameter des Mediums bestimmt, in dem sich die Welle ausbreitet. Ob diese die Phasengeschwindigkeit bereits festlegen, hängt von der Art der Anregung ab. Zum Beispiel wird die Geschwindigkeit einer Schallwelle unter Wasser durch die physikalischen Eigenschaften des Wassers alleine bestimmt sein, eine Oberflächenwelle auf einem See aber nicht, weil im letzteren Fall nicht die inneren elastischen Kräfte des Mediums Wasser für die rücktreibende Kraft einer Störung maßgeblich verantwortlich sind, sondern die Gravitationskraft, die die Erde auf das Wasser von außen ausübt. Auch wird bei einer Oberflächenwelle auf einem See die Geschwindigkeit etwas von der örtlichen Wassertiefe abhängen. Sind das Medium und die eventuell weiteren relevanten äußeren Parameter aber vorgegeben, so reicht es aus, eine der Größen aus dem Paar Frequenz/Periode *oder* dem Paar Wellenzahl/Wellenlänge vorzugeben. Das jeweils andere Paar ist dann durch die Phasengeschwindigkeit bestimmt, die ja gerade diese Paare in Beziehung setzt. In unserem Beispiel bestimmt der Taucher die Periode τ. Die Wellenlänge folgt dann daraus durch Multiplikation mit der Phasengeschwindigkeit. Ein weiteres spezielles Merkmal unseres Beispiels von Oberflächenwellen ist, dass das Auf und Ab der Wasserteilchen senkrecht zur Ausbreitungsrichtung der Welle verläuft. Man spricht in diesem Fall von *Transversalwellen* im Unterschied zu *Longitudinalwellen,* bei denen der lokale Schwingungsvorgang parallel zur Ausbreitungsrichtung verläuft. Letzteres ist etwa bei Schallwellen in Luft oder unter Wasser der Fall, wo sich Transversalwellen wegen der fehlenden Scherkräfte nicht ausbilden können. In Festkörpern können Schallwellen in longitudinaler und transversaler Form existieren; im allgemeinen besitzen diese aber unterschiedliche Ausbreitungsgeschwindigkeiten.

Was wir an unserem Beispiel der transversalen Oberflächenwelle auf dem See besonders eindrücklich sehen können, ist der Umstand, dass sich zwar die Welle in einem Medium (Wasser) in einer bestimmten Richtung ausbreitet, dass damit aber kein Materialtransport in Richtung der Wellenausbreitung verbunden ist: Kein Wassermolekül verändert seinen radialen Abstand zur Boje. Trotzdem findet aber unzweifelhaft ein radialer Transport von Energie statt. Um das zu sehen, braucht man ja nur eine zweite Boje ebenfalls an einer Kette an einer anderen Stelle des Seegrunds verankern. Erreichen die Oberflächenwellen die zweite Boje, so wird diese in den Momenten erhöhten Wasserspiegels einen periodischen Zug durch ihre Kette auf den Verankerungspunkt übertragen; dieser kann dann mechanische Arbeit leisten, die man als Energie weiterleiten kann. Energietransport muss also nicht an Materietransport gebunden sein. Trotzdem gilt der Energieerhaltungssatz: Die vom Taucher durch Ziehen an seiner Boje investierte mechanische Energie überträgt sich auf die Wasserwellen, von denen sie an anderer Stelle zum Teil wieder in mechanische Energie verwandelt werden kann.

Wichtig für das theoretische Verständnis dieses Prozesses ist vor allem seine kausale Ausbreitung in Raum und Zeit. Die Energie wird nicht etwa der einen Boje entnommen und taucht zu einem späteren Zeitpunkt spukhaft bei der anderen auf, sondern ist zu jedem Zeitpunkt durch deterministische Gesetze im Raum verteilt. Zu keinem Zeitpunkt geht etwas verloren oder kommt etwas hinzu; es wird lediglich stetig umverteilt. Dies ist das Credo der modernen, auf dem Feldbegriff fußenden Physik, wobei mit „Feld" hier zunächst jede in Raum und Zeit stetig verteilte physikalische Zustandsgröße gemeint ist.

In unserem Beispiel scheint dieses Credo nicht weiter spektakulär, ist doch der Raum zwischen den Bojen durch ein handgreifliches Medium (Wasser) erfüllt, das selbstverständlich verschiedener physikalischer Zustände mit unterschiedlichen Werten der Energie fähig ist, die es auch weiterleiten kann. Physiker sagen, dass Wasser *lokale Freiheitsgrade* besitze und meinen damit genau diese Eigenschaft, also räumlich begrenzter Zustandsänderungen fähig zu sein und Energie von Raumpunkt zu Raumpunkt weiterleiten zu können. In nächsten Kapitel werden wir kurz diskutieren, dass etwa das Gravitationsfeld gemäß der Newton'schen Theorie keine eigenen Freiheitsgrade besitzt, im Unterschied zur Einstein'schen Theorie der Gravitation: der Allgemeinen Relativitätstheorie. Im allgemeinen ist für den theoretischen Physiker gerade die Existenz von Wellenlösungen innerhalb einer Theorie ein Synonym dafür, dass das durch die Theorie beschriebene System lokale Freiheitsgrade besitzt, durch die eine kausale Wechselwirkung in Raum und Zeit ermöglicht wird.

Der springende Punkt für uns ist nun der, dass dies auch für solche Felder gilt, die nicht an substantielle Träger (wie Wasser oder Luft) gebunden sind. Zum Beispiel können elektromagnetische Felder im sonst völlig leeren Raum existieren und sich ausbreiten, wie man eindrücklich an den Lichtsignalen sieht, die aus großen Entfernungen durch den intergalaktischen Raum zu uns kommen. Der direkte Nachweis elektromagnetischer Wellen im Jahre 1888 durch Heinrich Hertz (1857 bis 1894) hat gezeigt, dass sich elektromagnetische Felder im sonst leeren Raum mit endlicher Geschwindigkeit kausal ausbreiten und dabei Energie aufnehmen, transportieren und wieder abgeben können. Somit ist auch die Energieübertragung von Antenne zu Antenne keine spukhafte Fernwirkung, sondern geht kausal in Raum und Zeit vonstatten.

Dies wird theoretisch durch die sogenannten Maxwell-Gleichungen beschrieben, die den mathematischen Kern der klassischen Elektrodynamik bilden; sie wurden von dem Schotten James Clerk Maxwell (1831 bis 1879) aufbauend auf den experimentellen Vorarbeiten und intuitiven Vorstellungen („Kraftlinien") des Engländers Michael Faraday (1791 bis 1867) in den Jahren 1855 bis 1873 formuliert. Dabei hatte sich Maxwell zu Beginn selbst stark an der Vorstellung einer materiellen Trägersubstanz – genannt „Äther", nicht zu verwechseln mit der bekannten chemischen Substanz gleichen Namens – orientiert, um seine Gleichungen mechanisch zu interpretieren. In seiner und der Vorstellung seiner Zeitgenossen war das elektromagnetische Feld keine fundamentale physikalische Größe – so wie wir es heute ansehen –, sondern eine effektive Beschreibung der mechanischen Zustände des hypothetischen Äthers. Darin ist ihm auch Heinrich Hertz gefolgt, der am Ende seines kurzen Lebens eine Umformulierung und Verallgemeinerung der Mechanik versuchte (Hertz 1894)[1], mit dem ausgesprochenen Ziel, den begrifflichen und mathematischen Rahmen der Mechanik neu zu fassen, sodass darin möglichst auch die dynamischen Gesetze des Äthers – also die Elektrodynamik – Platz finden mögen. Erst nach Aufstellung der Speziellen Relativitätstheorie im Jahre 1905 wurde klar, dass die Vorstellung eines substantiellen Äthers in der Elektrodynamik nicht nur entbehrlich, sondern mit dem Relativitätsprinzip überhaupt nicht zu vereinen ist. Demgemäß muss das elektromagnetische Feld als fundamentales physikalisches System angesehen werden, dessen dynamische Freiheitsgrade nicht auf die Freiheitsgrade anderer Systeme (wie dem hypothetischen Äther) zurückgeführt werden können. Für eine ausführlichere Diskussion sei auf Giulini (2015) verwiesen.

Ausgehend von diesem feldtheoretischen Verständnis der elektromagnetischen Wirkung können wir uns fragen, ob ein ähnliches Verständnis auch für die gravitative Wirkung der Materie vorliegt. Insbesondere ist dafür entscheidend, ob diese gravitative Wirkung durch ein sich in Raum und Zeit kausal ausbreitendes Feld mit eigenen lokalen Freiheitsgraden vermittelt wird. An die Theorie der Gravitation ergeht damit die Frage: Gibt es Wellenlösungen? Wir werden gleich sehen, dass die Newton'sche Gravitationstheorie dies mit einem „Nein“ beantwortet, während die Einstein'sche Gravitationstheorie, die Allgemeine Relativitätstheorie, hier ein klares „Ja“ setzt. Mit der ersten direkten Detektion von Gravitationswellen ist also auch in diesem Aspekt der Newton'schen Theorie widersprochen und der Einstein'schen Theorie recht gegeben worden.

[1] Heinrich Hertz starb am 1. Januar 1894. Sein Buch über Mechanik, an dem er während seiner letzten drei Lebensjahre gearbeitet hatte, erschien postum im gleichen Jahr, herausgegeben von seinem Assistenten Philipp Lenard (1862 bis 1947).

2 Historischer Hintergrund

Die historische Entwicklung der Gravitationstheorien, ausgehend von der Newton'schen bis zu Einsteins Allgemeiner Relativitätstheorie, zeigt einige interessante Analogien, aber auch wesentliche Unterschiede zur Entwicklung der Theorie des Elektromagnetismus. Um später die Bedeutung besser würdigen zu können, die die Entdeckung der Gravitationswellen für die Gravitationsphysik im allgemeinen und die Allgemeine Relativitätstheorie im besonderen besitzt, wollen wir uns in diesem Kapitel einige dieser Gemeinsamkeiten und auch Unterschiede bewusst machen.

Bis zur Aufstellung der Maxwell'schen Elektrodynamik um die Mitte des 19. Jahrhunderts galt die Newton'sche Gravitationstheorie fast 200 Jahre lang als das Musterbeispiel einer mathematischen Formulierung physikalischer Gesetzmäßigkeit. Diese hatte Isaac Newton (1643 bis 1727) in seinem Hauptwerk *Philosophiae Naturalis Principia Mathematica*[1] gegeben, dessen erste Auflage 1687 in London erschien.[2] Mathematisch streng beschreibt Newton darin, wie Massen einerseits als Quellen von Gravitationsfeldern wirken und wie sie andererseits ihren Bewegungszustand durch das Einwirken äußerer (also nicht der von ihnen selbst erzeugten) Gravitationsfelder ändern. Beide Gesetze zusammen erlauben dann, aus beobachteten Bahndaten eines Objekts, etwa eines Planeten oder Satelliten, auf die Quellen des Gravitationsfeldes zu schließen, in dem es sich bewegt.

---

[1] Zu deutsch: „Die mathematischen Prinzipien der Naturphilosophie", wobei man heute „Naturphilosophie" sinngemäß eher mit „Physik" übersetzen würde; vgl. Schüller (1999).

[2] Eine zweite Auflage erschien 1713, eine dritte 1726. In beiden wurden jeweils zum Teil umfangreiche Streichungen und Ergänzungen angebracht, die in der Ausgabe von Schüller (1999) sichtbar gemacht sind.

D. Giulini und C. Kiefer, *Gravitationswellen*, essentials,
DOI 10.1007/978-3-658-16013-5_2

Wichtig für das weitere Verständnis der Newton'schen Theorie ist die Tatsache, dass es Newton in den *Principia* primär um die mathematische Darlegung empirisch überprüfbarer Gesetzmäßigkeit geht und nicht um die philosophische oder theologische Reflexion ihrer möglichen Ursache. Newton wusste sehr genau, dass die Möglichkeit mathematischer Exaktheit einhergehen muss mit einem zum Teil erkauften Verzicht auf Antworten weiterführender Fragen, die, das sei betont, ihm deshalb nicht weniger wichtig waren. In der zweiten Auflage der *Principia* findet sich im *Allgemeinen Scholion* seine diesbezüglich berühmten Sätze (Schüller 1999, S. 516):

> Den Grund für diese Eigenschaften der Schwere konnte ich aber aus den Naturerscheinungen noch nicht ableiten, und Hypothesen erdichte ich nicht. [...] Hypothesen, gleichgültig ob es metaphysische, physikalische, mechanische oder diejenigen von den verborgenen Eigenschaften sind, haben in der *experimentellen Physik* keinen Platz. In der hier in Rede stehenden Physik leitet man die Aussagen aus den Naturerscheinungen her und macht sie durch Induktion zu allgemeinen Aussagen.

Besonders drastisch zeigt sich in Newtons Denken diese pragmatische Unterscheidung zwischen dem, was aus den Erscheinungen ableitbar ist, und dem, was gemäß allgemein naturphilosophischer Prinzipien akzeptabel scheint, an einem für uns ganz wesentlichen Aspekt seiner Gravitationstheorie: der Abwesenheit von Gravitationswellen. Diese folgt sofort aus der Tatsache, dass gemäß der Newton'schen Theorie das Gravitationsfeld ein reines Attribut der Materie im folgenden Sinne darstellt: Ist die Massenverteilung der Materie im Raum vorgegeben, so ist nach der Newton'schen Theorie das Gravitationsfeld im ganzen Raum *eindeutig* bestimmt. Es ist also keiner lokalen Änderungen mehr fähig. In der bereits eingeführten Sprache der modernen Physik heißt dies dann, dass das Newton'sche Gravitationsfeld keine eigenen Freiheitsgrade besitzt. Bewegen sich die das Gravitationsfeld erzeugenden Massen im Raum, so folgt das Gravitationsfeld dieser Momentanverteilung instantan im *ganzen Raum*. Will man überhaupt von einer Ausbreitungsgeschwindigkeit der Gravitationswechselwirkung sprechen, so muss man sagen, dass diese unendlich hoch sei. Allgemein bezeichnet man das auch als „Fernwirkung", einer Wirkung also, die sich unendlich schnell – also instantan – über den ganzen unendlichen Raum verteilt, scheinbar ohne die stetige Vermittlung des dazwischenliegenden Raumes. Solche Fernwirkungen sind aber nach den Vorstellungen der modernen Physik, die wir ja bereits angesprochen haben, völlig inakzeptabel. So gilt insbesondere nach Einsteins Spezieller Relativitätstheorie die Lichtgeschwindigkeit im Vakuum als die absolute obere Grenze aller Geschwindigkeiten für die Ausbreitung von Signalen oder Wirkungen.[3]

Obwohl Newton in den *Principia* das Gravitationsgesetz als reines Fernwirkungsgesetz formuliert hat, gab er an anderer Stelle frei zu, dass gerade dieser Aspekt seinen naturphilosophischen Überzeugungen diametral widersprach, auch wenn es sich als mathematisch-operationale Vorschrift zur Berechnung tatsächlicher Phänomene glänzend bewährte (und das weit über Newtons Zeit hinaus). Über Newtons kritische Einstellung wissen wir aus seinem erhaltenen Briefwechsel sehr genau Bescheid, insbesondere aus seinem ausgedehnten Meinungsaustausch mit dem bekannten englischen Philologen, Theologen und an Naturwissenschaften sehr interessierten Richard Bentley (1662 bis 1742), der zur Vorbereitung seiner Vorlesungsreihe *A Confutation of Atheism* des Jahres 1692 immer wieder Newtons Rat einholte, wohl in der Absicht, Schützenhilfe aus dem Lager der Naturphilosophie für seine Sache – der Widerlegung des Atheismus – zu bekommen. In einem langen Brief vom 25. Februar des Jahres 1692 – also erst fünf Jahre nach Publikation der *Principia* – schrieb ihm Newton (Turnbull 1961, Brief Nr. 406, S. 253–254)[4]:

> Es ist undenkbar, dass rohe unbelebte Materie ohne die Vermittlung von etwas anderem, das nicht materiell ist und ohne direkte Berührung auf andere Materie wirkt und sie beeinflusst [...]. Deshalb wünschte ich auch, dass Sie mir die Idee einer der Materie inhärenten Gravitation nicht zuschreiben würden. Dass die Gravitation inhärent und der Materie angeboren sei, und dass ein Körper auf einen anderen über die Ferne [acting at a distance] durch das Vakuum hindurch wirkt, ohne dass etwas anderes vorhanden wäre, das diese Wirkung oder Kraft von einem zum anderen Körper transportiert, stellt für mich eine so große Absurdität dar, dass ich nicht glaube, dass jemand der in philosophischen Dingen auch nur einigermaßen kompetent denken kann [any competent faculty of thinking], jemals darauf verfallen würde. Die Gravitationwechselwirkung wird durch einen Vermittler verursacht, der unablässig gemäß gewisser Gesetze wirkt, aber ob dieser Vermittler materiell oder immateriell ist, habe ich der Beurteilung meiner Leser [der Principia] überlassen.

Wie also eine Theorie zu formulieren sei, in der die Ausbreitung der Gravitation gemäß kausaler Gesetze von Raumpunkt zu Raumpunkt sich vollzieht, war Newton nicht bekannt; dass es aber einmal eine solche Theorie geben müsse, schien

[3]Der Wert der Lichtgeschwindigkeit im Vakuum beträgt 299 792 458 m/s. Dieser Wert ist *exakt,* da man heute die Längeneinheit m (Meter) über die Zeiteinheit s (Sekunde) definiert, und zwar so, dass Licht im Vakuum in einer Sekunde gerade die angegebene Anzahl von Metern zurücklegt. Die Sekunde ist seit 1967 definiert als die Zeitspanne für 9.192.631.770 Perioden des Lichts, das ein Cäsium-133-Atom beim Übergang zwischen den beiden Hyperfeinstrukturniveaus des Grundzustands aussendet.

[4]Diese Übersetzung aus dem Englischen ist unsere.

ihm wohl sicher. Die theoretische Erfüllung dieser Forderung kam erst mit Aufstellung der Allgemeinen Relativitätstheorie durch Albert Einstein im Jahre 1915, 223 Jahre nachdem Newton die obigen Zeilen schrieb. Und dann dauerte es sogar nochmals weitere einhundert Jahre, bis im Jahre 2015 der erste *direkte* Nachweis von Gravitationswellen dieses theoretische Bild auch direkt faktisch bestätigte.

Wie schon erwähnt, hatte eine solche Bestätigung die Maxwell'sche Elektrodynamik bereits 1888 durch Heinrich Hertz erfahren. Die Bedeutung, die damals die internationale und gerade zwischen Deutschland und England in starker Konkurrenz stehende Wissenschaftsgemeinschaft dieser Entdeckung gab, geht eindrücklich aus einem Brief hervor, den der irische Physiker George Francis FitzGerald (1851 bis 1901) am 8. Juni 1888 an Hertz schrieb. Darin heißt es unter anderem (zitiert nach Fölsing 1997, S. 349)

> Ich denke, dass in diesem Jahrhundert kein wichtigeres Experiment gemacht wurde. ...Ihr Experiment wird „Hertz' klassisches Experiment, das zwischen den Theorien der elektromagnetischen Fernwirkung und der Wirkung vermöge des Äthers unterscheidet“ genannt werden.

Hertz antwortete am 11. Juni 1888 (auf deutsch) und meinte etwas bescheiden (Fölsing 1997, S. 350):

> Nach Ihren Ausdrücken fürchte ich zwar, daß Sie mehr voraussetzen, als vorhanden ist, und enttäuscht sein werden. ...so glaube ich, daß diese Versuche noch nicht ein letztes Ziel sind, sondern vielmehr der Anfang und die Einleitung zu besseren Versuchen ...und in der Tat ist es mir inzwischen auch geglückt, in der Luft selbst stehende Wellen erzeugen und ihre Wellenlänge zu messen, so daß es allerdings keinem Zweifel mehr unterliegt, daß die Ausbreitung von Punkt zu Punkt erfolgt. So zweifle ich auch nicht, daß die Ansichten von Faraday und Maxwell dauernd triumphieren werden.

Und wie stand es um die Vorstellung, dass auch die Gravitation sich in ähnlicher Weise auch nur mit Lichtgeschwindigkeit und in Form von Wellen ausbreiten könne? Im Jahr 1905, in dem Albert Einstein die Spezielle Relativitätstheorie aufstellte, äußerte der französische Mathematiker und Physiker Henri Poincaré (1854 bis 1912) eine solche Idee. In der Sitzung der Akademie der Wissenschaften in Paris vom 5. Juni 1905 drückte er sich dabei wie folgt aus[5]:

> Ich wurde zuerst zu der Annahme geführt, dass die Ausbreitung der Gravitation nicht instantan ist, sondern mit Lichtgeschwindigkeit erfolgt. ...Wenn wir also von Ort und Geschwindigkeit des anziehenden Körpers sprechen, so handelt es sich um den Ort und die Geschwindigkeit zu dem Zeitpunkt, an dem die *Gravitationswelle* Teil

[5] Diese Übersetzung aus dem Französischen ist unsere.

> dieses Körpers ist; wenn wir von Ort und Geschwindigkeit des angezogenen Körpers sprechen, so handelt es sich um den Ort und die Geschwindigkeit zu dem Zeitpunkt, an dem dieser angezogene Körper von der Gravitationswelle erreicht wird, die der andere Körper ausgesandt hat; es ist klar, dass der erste Zeitpunkt vor dem zweiten liegt.

In dieser Passage prägte Poincaré den Begriff Gravitationswelle *(onde gravifique)*. Freilich hatte diese Welle wenig mit den Gravitationswellen von Einsteins Allgemeiner Relativitätstheorie zehn Jahre später zu tun. Im Jahr 1905 betrachtete man die Raumzeit noch als starren Hintergrund, auf dem sich physikalische Einflüsse ohne Rückwirkung auf diese ausbreiten. Da außer dem Elektromagnetismus nur die Gravitation als fundamentale Wechselwirkung bekannt war, spekulierte Poincaré, dass sich auch die Gravitation in Form einer Welle *auf* der starren Raumzeit ausbreiten müsse, analog zu einer elektromagnetischen Welle. In Einsteins Theorie gibt es den starren Hintergrund der Raumzeit nicht mehr, und bei Gravitationswellen handelt es sich dort quasi um Störungen der Raumzeit selbst, die sich mit Lichtgeschwindigkeit ausbreiten, und nicht wie bei den elektromagnetischen Wellen um etwas, das zusätzlich zur Raumzeit existiert.

Trotz dieses wichtigen Bedeutungsunterschieds ist die mathematische Beschreibung von Gravitationswellen nicht wesentlich schwieriger als die elektromagnetischer Wellen, zumindest in der sogenannten *linearen Näherung,* in der vorausgesetzt wird, dass die Wellenamplituden sehr klein sind. Unter bestimmten Voraussetzungen darf man nämlich das sehr komplexe und nichtlineare System der Gleichungen der Allgemeinen Relativitätstheorie, die man die *Einstein-Gleichungen* nennt, näherungsweise durch ein sogenanntes lineares System ersetzen, das dem von vornherein linearen System von Gleichungen der Elektrodynamik, also den Maxwell-Gleichungen, sehr ähnelt. Die notwendigen mathematischen Voraussetzungen dieses Schrittes sichern dann gerade, dass die strengen Lösungen des approximativen (linearen) Systems von Gleichungen tatsächlich etwas Relevantes ergeben, nämlich zumindest approximative Lösungen der exakten, physikalisch relevanten nichtlinearen Einstein-Gleichungen. Der Witz an diesem mathematischen Trick ist, dass es sehr einfach ist, Lösungen des linearen Systems zu finden, sodass man aus ihnen sofort auf die Existenz von Gravitationswellen der vollen Theorie schließen darf, die im Gültigkeitsbereich der linearen Näherung mit den erhaltenen Lösungen im Wesentlichen übereinstimmen. Der physikalische Grund für die im Prinzip vorhandenen nichtlinearen Korrekturen der Gravitationswellen, die keine Entsprechung bei elektromagnetischen Wellen haben, ist dem Umstand geschuldet, dass *jede* Form von Energie gravitiert, also insbesondere auch die, die in den Gravitationswellen selbst enthalten ist, während im Unterschied das Feld einer elektromagnetischen Welle nicht seinerseits als Quelle weiterer elektrischer und magnetischer

Felder wirkt. Im Prinzip wechselwirken Gravitationswellen also untereinander und mit sich selbst, wenn auch sehr schwach, während sich elektromagnetische Wellen wechselwirkungsfrei durchdringen. Als Folge gilt für elektromagnetische Wellen das *Superpositionsprinzip* streng,[6] gemäß dem sich zwei oder mehr Wellen einfach überlagern, was mathematisch durch die *Summe* der einzelnen Wellenfunktionen dargestellt wird, während dies für Gravitationswellen nur so lange in guter Näherung gilt, wie die dabei entstehenden Amplituden nicht zu groß werden.

Auf Grundlage dieser linearen Approximation leitete Einstein die Existenz von Gravitationswellen zuerst in einer Arbeit ab, die er am 22. Juni 1916 der Preußischen Akademie der Wissenschaften vorlegte und die den passenden Titel trug: *Näherungsweise* [gemeint ist damit die linearisierte] *Integration der Feldgleichungen der Gravitation* (Einstein 1916). Das war gut ein halbes Jahr nach Fertigstellung der Allgemeinen Relativitätstheorie. Eineinhalb Jahre später kommt er erneut und gesondert auf das Thema der Gravitationswellen zurück, um einen formalen aber sonst folgenlosen mathematischen Fehler der ersten Arbeit zu korrigieren. Diese zweite Arbeit trägt den Titel *Über Gravitationswellen* und wurde am 31. Januar 1918 wieder bei der Preußischen Akademie der Wissenschaften eingereicht (Einstein 1918).

In beiden Arbeiten leitete Einstein auch die bekannte *Quadrupolformel* ab, die angibt, wie viel Energie pro Zeiteinheit ein physikalisches System durch Abstrahlung in Gravitationswellen verliert. Physiker sprechen in diesem Zusammenhang von der Gravitationswellen-*Luminosität* dieses Systems. Diese Formel werden wir in Kap. 4 eingehend besprechen.

Trotz dieser beiden Arbeiten Einsteins aus den Jahren 1916 und 1918 dauerte es noch viele Jahre, bis die wissenschaftliche Gemeinschaft von der Existenz dieser Wellen überzeugt war. Das lag zum einen natürlich daran, dass es damals nicht möglich war, Gravitationswellen direkt oder indirekt nachzuweisen. Ein wesentlicher Grund lag aber auch in einem mangelhaften begrifflichen Verständnis der Wellen, deren Energie ja im Gravitationsfeld gespeichert und durch das Gravitationsfeld transportiert werden sollten. Die Schwierigkeit dieser Vorstellung lag darin, dass das Gravitationsfeld nach Einstein nicht wie das elektromagnetische relativ zu

[6] Wir beziehen uns hier ausschließlich auf die sogenannte „klassische" Elektrodynamik, in der das Superpositionsprinzip tatsächlich streng gilt. In der für die Elementarteilchenphysik relevanten Quantenelektrodynamik gibt es typisch quantenfeldtheoretische Korrekturen, die dann auch zu Nichtlinearitäten in den elektromagnetischen Wechselwirkungen führen. Relevant sind diese allerdings nur in Bereichen weit unterhalb atomarer Dimensionen, wo Teilchenpaare aus dem Vakuum spontan entstehen und sich wieder gegenseitig vernichten können. Die gravitativen Nichtlinearitäten sind hingegen bereits rein „klassisch" existent, also ohne Berücksichtigung möglicher quantenfeldtheoretischer Korrekturen. Das ist ein wesentlicher Unterschied.

einem fest gegebenen Gefüge von Raum und Zeit definiert ist, sondern selbst als Bestandteil dieses Gefüges aufgefasst wird. Damit war nach der Emanzipation des Feldbegriffs von einem handgreiflichen materiellen Träger (Wasser oder Luft), die die Maxwell'sche Theorie mit sich brachte, eine weitere Abtraktionsstufe gefordert, in der der Feldbegriff sich nunmehr auch von der Vorstellung einer festen Raumzeit löste und auf diese selbst Anwendung finden sollte. Nicht jedem Zeitgenossen Einsteins war bei dieser Vorstellung von *Wellen reiner Geometrie* wohl. Kann damit tatsächlich Energie abgestrahlt und transportiert werden, wie man es bei einem realen physikalischen Prozess erwarten sollte? Oder jagen die Theoretiker hier nur Artefakten einer unphysikalischen Beschreibung nach (sogenannten Koordinateneffekten), die sich daran entlarven lassen sollten, dass diese Wellen überhaupt keine Energie transportieren? Seltsamerweise bekam Einstein später (1936) selbst Zweifel an der physikalischen Richtigkeit seiner ersten Ableitungen und schrieb darüber im Jahre 1936 einen Artikel mit seinem Kollegen Nathan Rosen (1909 bis 1995),[7] in dem er fälschlicherweise glaubte, mathematisch gezeigt zu haben, dass die vollen, nichtlinearen Gleichungen seiner Theorie überhaupt keine Wellenlösungen zulassen und dass seine erste, auf den linearisierten Gleichungen fußende Deduktion solche Lösungen nur vorgespiegelt hätten, gleichsam als Artefakt einer nicht zulässigen mathematischen Approximation. Wir wissen heute nach eingehenderen Analysen, dass das Argument von Einstein und Rosen fehlerhaft ist und dass wir Einsteins erster Ableitung vertrauen dürfen. Aber noch 1955, wenige Wochen nach Einsteins Tod, vertrat Rosen auf einer großen internationalen Konferenz, die aus Anlass des 50-jährigen Bestehens der Speziellen Relativitätstheorie in Bern stattfand, seinen sehr kritischen Standpunkt, der, wie wir heute wissen, unbegründet war.

Die Wende kam erst zwei Jahre nach Einsteins Tod. Im Jahre 1957 versammelte sich in Chapel Hill (USA) eine illustre Runde von Physikern, um die Grundprobleme der Gravitationsphysik zu diskutieren. Wir verdanken dieser Tagung, deren Protokolle neu herausgegeben wurden (Rickles und DeWitt 2011), eine ganze Reihe von wichtigen Durchbrüchen, neben dem Fortschritt beim Verständnis der Gravitationswellen auch tiefe Einsichten in die Probleme des Zusammenhangs von Quantentheorie und Gravitation. Letztere betreffen zum Beispiel die Frage, ob man das Gravitationsfeld auch dann noch richtig berechnen kann, wenn die felderzeugende Materie in typisch quantenmechanischen Zuständen ist, etwa der Superposition

[7] Es handelt sich um den Rosen aus der berühmten EPR-Arbeit (Kiefer 2015).

verschiedener räumlicher Lokalisationen.[8] An dieser Stelle drängt sich dann die Diskussion auf, ob nicht auch die Gravitation – so wie die Elektrodynamik – einmal zu einer Quantentheorie verallgemeinert werden muss. Im Falle der Elektrodynamik kennen wir diese Theorie; es ist die *Quantenelektrodynamik,* die aus der Beschreibung des Verhaltens elementarer Teilchen nicht wegzudenken ist und nach wie vor eine der am besten bestätigten Theorien der gesamten Physik ist. Müssen wir also auch die Theorie der Gravitation zu einer *Quantengravitation* verallgemeinern, das heißt die Allgemeine Relativitätstheorie „quantisieren"? Wir werden auf diesen Punkt nochmals zurückkommen, weisen aber schon jetzt darauf hin, dass er bis heute eine der großen offenen Fragen der Theoretischen Physik geblieben ist.

Eine treibende Kraft auf dieser Tagung war der britische Physiker Felix Pirani (1928 bis 2015). Er betonte, dass ein Nachweis von Gravitationswellen durch Beobachtung der Bewegung eines einzelnen Objektes unmöglich sei. Man benötige mindestens zwei Objekte, um beim Durchgang der Welle aus der Relativbewegung auf diese schließen zu können. Gemeinsam mit seinen Kollegen Hermann Bondi (1919 bis 2005) und Richard Feynman (1918 bis 1988) entwickelte er ein sehr einfaches Gedankenexperiment, das als *Sticky bead argument* (deutsch etwa: Argument der klebrigen Perle) bekannt ist. Dabei wird angenommen, dass sich eine Perle frei auf einem Stab bewegen könne. Eine einlaufende Gravitationswelle erzeugt periodische Spannungen im Stab, die sich auf die Bewegung der Perle auswirken. Falls zwischen Perle und Stab Reibung vorliegt, erwärmen sich beide, was bedeutet, dass die durchgehende Gravitationswelle tatsächlich Energie auf das System überträgt. Feynman merkt dazu an:[9]

> …es entspricht meiner Intuition, dass eine Vorrichtung, die in der Lage ist, Energie aus einer auf sie einwirkenden Welle zu ziehen, auch Wellen der gleichen Art erzeugen muss, wenn sie zu der entsprechenden Bewegung gezwungen wird.

In den Jahren danach konnte mathematisch sauber geklärt werden, dass Gravitationswellen weitab von der Quelle positive Energie transportieren und dass die für die Abstrahlung zur Verfügung stehende Energie beschränkt ist. Da Gravitationswellen zudem mittlerweile nachgewiesen worden sind, sowohl direkt als auch indirekt, gibt es an deren Existenz nun keinen Zweifel mehr.

---

[8]Man kann hier an das berühmte Doppelspaltexperiment in der Quantenmechanik denken und sich fragen, wie das Gravitationsfeld des im Superpositionszustand befindlichen Teilchens aussieht. Diese scheinbar einfache Frage hat bis heute tatsächlich keine abschließende Antwort gefunden. Für eine Diskussion dieser und einiger damit verbundener Fragen aus der modernen Forschung sei auf Giulini (2013) verwiesen.

[9]Diese Übersetzung aus dem Englischen ist unsere.

Am Schluss dieser etwas kurios verlaufenen Geschichte[10] stellt sich natürlich die Frage, warum die Physiker die Verunsicherung nicht viel früher beendet haben, zum Beispiel indem sie selbst Gravitationswellen im Labor erzeugt und wieder empfangen haben, so wie das Heinrich Hertz 1888 mit elektromagnetischen Wellen vorgemacht hatte. Warum dauerte es überhaupt so lange bis zum ersten Nachweis, wenn doch ständig um uns herum Gravitationswellen von beschleunigten Massen erzeugt werden? Die Antwort darauf kann nur auf Basis einer quantitativen Analyse der Wechselwirkung von Gravitationswellen mit Materie und Licht gegeben werden. Wir werden sehen, dass sowohl die Raten, mit denen diese Wellen von realistischen Quellen im Labor emittiert als auch von zurzeit technologisch möglichen Detektoren absorbiert werden können um viele Größenordnungen kleiner sind als für elektromagnetische Wellen, und dass an eine Erzeugung *im Labor* mit hinreichend großer Amplitude überhaupt nicht zu denken ist. Wir werden aber auch sehen, und dies an quantitativen Zahlenbeispielen erläutern, dass unser Universum kompakte Objekte von ganz außerordentlichen physikalischen Eigenschaften beheimatet, deren Energieausstoß in Gravitationswellen kurzzeitig gigantische Ausmaße annehmen kann, vergleichbar der Lichtenergie *aller* sichtbaren Quellen im Universum! Davor werden wir aber einen kurzen Blick auf die Ausbreitung und die Auswirkung von Gravitationswellen werfen.

[10] Wir verweisen auf Kennefícks (2007) Buch für eine sehr lesenswerte wissenschaftshistorische Aufbereitung.

3 Ausbreitung und Auswirkung von Gravitationswellen

Elektromagnetische Wellen bewegen sich mit Lichtgeschwindigkeit durch das Vakuum. Die gleiche Aussage trifft – richtig verstanden – auch auf Gravitationswellen zu. Allerdings ist zu beachten, dass letztere nicht Störungen eines Feldes *in* oder *über* einer festen Struktur von Raum und Zeit sind, sondern diese Struktur selbst betreffen. Dies hängt eben damit zusammen, dass die Gravitation gemäß der Allgemeinen Relativitätstheorie als Aspekt der Geometrie von Raum und Zeit aufgefasst wird. Störungen des Gravitationsfeldes sind also nach Einstein immer zugleich auch Störungen dieser Geometrie, beeinflussen also räumliche und zeitliche Abstände von Ereignissen, das heißt umgangssprachlich „Längen" und „Dauern". Das gewohnte Bild einer sich über einer *festen* Geometrie ausbreitenden Störung gilt aber zumindest approximativ, solange diese Störungen nicht zu groß sind. In diesem Grenzfall folgt aus den komplizierten, nichtlinearen Einstein-Gleichungen eine lineare Wellengleichung, in völliger Analogie zur elektromagnetischen Wellengleichung. Sind die Störungen nicht klein, kann es zu nichtlinearen Effekten kommen, die sich etwa darin äußern, dass Gravitationswellen aneinander streuen statt sich, wie elektromagnetische Wellen, ungehindert zu durchdringen (Superpositionsprinzip der klassischen Elektrodynamik; vgl. Fußnote 4 in Kap. 2). Im extremen Fall können aus dem Zusammenprall von Gravitationswellen (oder auch elektromagnetischen) sogar Schwarze Löcher entstehen. Solch extreme Situationen sind in konkreten astrophysikalischen Situationen freilich extrem unwahrscheinlich, weshalb wir uns hier auf die Ausbreitung schwacher Gravitationswellen beschränken können.

Wie bereits diskutiert, haben elektromagnetische Wellen die Eigenschaft, dass elektrisches und magnetisches Feld senkrecht aufeinander und senkrecht zur Ausbreitungsrichtung stehen. Man spricht hier von *transversaler* Polarisation, im Unterschied zu der etwa für Schallwellen typischen longitudinalen Polarisation. Auch Gravitationswellen sind transversal polarisiert. Damit ist gemeint, dass bei

D. Giulini und C. Kiefer, *Gravitationswellen,* essentials,
DOI 10.1007/978-3-658-16013-5_3

der Ausbreitung der Wellen die geometrischen Verhältnisse nur senkrecht zur Ausbreitungsrichtung verändert werden. Dennoch gibt es einen wichtigen Unterschied zu elektromagnetischen Wellen. Während es dort zwei unabhängige transversale Polarisationsrichtungen gibt, die aufeinander senkrecht stehen, bilden die zwei unabhängigen Polarisationsrichtungen der Gravitationswellen einen Winkel von nur 45°.

Das lässt sich wie folgt veranschaulichen. Wir betrachten in Gedanken eine Reihe von kleinen, kreisförmig angeordneten Massen, auf die neben der Gravitation keinerlei weitere Einflüsse oder Kräfte wirken (sogenannte frei fallende Testmassen) und die anfänglich relativ zueinander in Ruhe sind. Trifft nun eine Gravitationswelle diese Massen, sodass ihre Ausbreitungsrichtung senkrecht auf der Kreisebene steht, so werden sich die beiden Polarisationsarten wie folgt auswirken: Die Anfangskonfiguration (Kreis) wird nach einer Viertelperiode in eine Ellipse übergehen, nach einer weiteren Viertelperiode wieder in den Ausgangskreis, nach einer weiteren Viertelperiode wieder in eine Ellipse, die aber um die erste um 90° gedreht ist, und schließlich nach der letzten Viertelperiode wieder in den Ausgangskreis. Dies gilt für beide Polarisationsrichtungen. Diese unterscheiden sich dadurch, dass die Ellipsen, die jeweils nach einer Viertel- und einer Dreiviertelperiode entstehen, in der einen Polarisationsrichtung gegenüber der anderen um 45° gedreht sind, wie in Abb. 3.1 dargestellt. Sind die Ellipsenachsen horizontal und vertikal, wie in der oberen Reihe von Abb. 3.1, so spricht man von der Plus- oder +-Polarisation. Bei

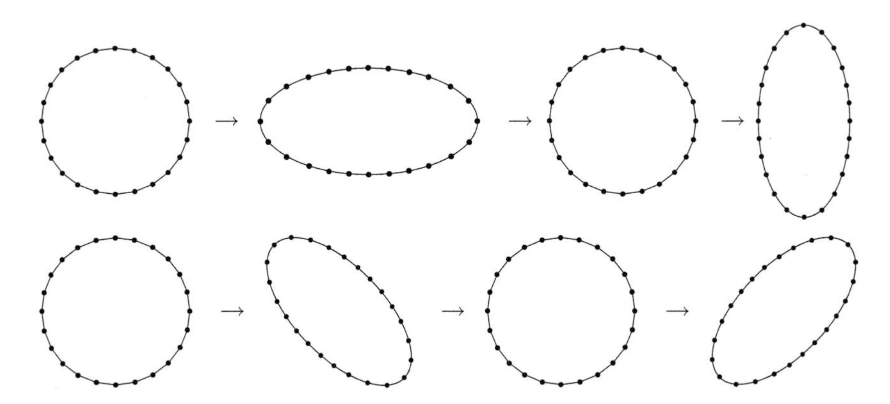

Abb. 3.1 Einfluss einer Gravitationswelle auf die relativen Abstände kräftefreier Massenpunkte für die + (oben) und × (unten) Polarisation während einer Periode. Gezeigt sind ausgehend von der Anfangslage (Kreis) jeweils die Konfigurationen der Massenpunkte nach einer viertel, einer halben und einer Dreiviertelperiode. Die Ausbreitungsrichtung der Welle ist senkrecht zur Ebene des Kreises (Papierebene).

der zweiten unabhängigen Polarisationsrichtung sind die Achsen der Ellipsen um 45° verdreht, weshalb man hier von der Kreuz- oder ×-Polarisation spricht.

Wegen der Gültigkeit des Superpositionsprinzips für Lösungen linearer Gleichungen ergibt sich ein allgemeiner Polarisationszustand durch Überlagerung dieser beiden unabhängigen Polarisationszustände. Von besonderer Wichtigkeit sind dabei Zustände, bei denen sich rotierende Ellipsen ergeben: Drehen diese sich (beim Blick in die Ausbreitungsrichtung) linksherum, also im Gegenuhrzeigersinn, spricht man von einer linkszirkularen Polarisation, bei der Drehung im Uhrzeigersinn von rechtszirkularer Polarisation. Solche Zustände gibt es auch bei elektromagnetischen Wellen, mit einem freilich wichtigen Unterschied. Beim Elektromagnetismus ergibt sich erst bei einer vollen Drehung um 360° um die Ausbreitungsrichtung wieder die Ausgangsrichtung des zum Beispiel elektrischen Feldes. Die Ellipse im Falle der Gravitationswelle kommt bereits bei einer Drehung um 180° wieder mit der ursprünglichen Ellipse zur Deckung. Wenn man diese Winkel in der Form 360° geteilt durch H schreibt, wobei man H als *Helizität* bezeichnet, schreibt man der elektromagnetischen Welle also die Helizität 1, der Gravitationswelle aber die Helizität 2 zu; genauer: $+1$ (-1) bei der linkszirkularen (rechtszirkularen) elektromagnetischen Welle und $+2$ (-2) bei der linkszirkularen (rechtszirkularen) Gravitationswelle. In der Quantentheorie wird aus der Helizität der Spin des Teilchens, der mit der Welle verknüpft wird; beim elektromagnetischen Feld ist es das *Photon* (Spin 1), beim Gravitationsfeld das *Graviton* (Spin 2). Im Kap. 7 unten kommen wir darauf zurück.[1]

Die eben diskutierte Verformung des Testmassenkreises zu einer Ellipse führt zu einer entsprechenden Änderung von Abständen in der Ebene senkrecht zur Ausbreitungsrichtung. Betrachten wir etwa eine Gravitationswelle, die sich in der z-Richtung ausbreitet, so ergibt sich bei einem +-Polarisationszustand auf der x- und der y-Achse eine periodische relative Längenänderung zwischen zwei Testmassen von

$$\frac{\Delta L}{L} = \frac{1}{2}h, \tag{3.1}$$

wobei L den ursprünglichen Abstand der Massen (bevor die Gravitationswelle eintrifft), ΔL die sich durch die Welle ergebende Streckung oder Stauchung und h die Amplitude der Welle bezeichnen. Diese sich durch die eintreffende Welle ergebenden relativen Längenänderungen kann man nun auf der Erde mit optischen Methoden unter Verwendung modernster Laser nachweisen, selbst wenn diese Längenänderung in Bereichen weit unterhalb atomarer Dimensionen liegt. Dieser

[1] Bei Fermionen mit Spin-1/2 (z. B. dem Elektron) ergibt sich der Ausgangszustand erst nach einer Drehung um 720°.

zunächst unglaublich erscheinenden Tatsache liegt das Superpositionsprinzip und daraus folgend die Interferenzfähigkeit von Licht zugrunde, die es gestattet, mit Lasern Abstände zu messen, die weit unterhalb der Wellenlänge des verwendeten Lichts liegen. Darauf werden wir in Kap. 6 noch zurückkommen.

Zum Schluss dieses Kapitels wollen wir noch einem weit verbreiteten Missverständnis begegnen, gemäß dem irrigerweise geschlossen wird, Gravitationswellen könne man gar nicht nachweisen. Diesem Argument liegt die fehlerhafte Annahme zugrunde, dass die durch die Gravitationswelle verursachten Änderungen der Abstandsverhältnisse *universell* sind, dass also insbesondere auch die zur Abstandsmessung verwendeten Systeme, etwa ein gewöhnlicher Maßstab oder auch die Wellenlänge des Lichts, stets im gleichen Verhältnis verkürzt oder verlängert würden wie die zu messende Länge.[2] Mit dieser (fehlerhaften) Annahme wird dann weiter (formal richtig) geschlossen, dass keine physikalisch messbare Abstandsänderung eintritt, weil physikalische Abstandsmessungen ja immer auf dem Verhältnis zweier Längen beruhen, der zu messenden und der des Maßstabs. Ein universeller Dehnungs- oder Stauchungsfaktor fällt aber klarerweise bei der Verhältnisbildung heraus – soweit das Argument. Nun ist aber die Ausgangshypothese dieses Schlusses falsch. Um welchen Betrag sich ein Körper unter dem Einfluss einer Gravitationswelle tatsächlich deformiert, hängt davon ab, welche spezifischen elastischen Kräfte der Körper dieser Deformation entgegensetzt. Die Beziehung (3.1) gilt nur für den Fall, dass die Massen in der betrachteten Richtung *kräftefrei* gelagert sind, so wie nach Voraussetzung die in Abb. 3.1 gezeigten Massenpunkte oder im tatsächlichen Experiment die Spiegel des Interferometers in Abb. 6.2. Letztere sind zumindest senkrecht zur Richtung der Aufhängung kräftefrei und können insbesondere in Richtung ihrer Verbindungsgeraden frei schwingen, was die für das Funktionieren als Gravitationswellendetektor relevante Eigenschaft ist.

[2]Ein analoges Missverständnis in bezug auf die Kosmologie wäre zu glauben, die Expansion des Universums beträfe gleichermaßen alle darin enhaltenen Körper. Das ist aber nicht der Fall. Nur die schwach gebundenen Strukturen oberhalb der Größe von Galaxienclustern werden von der kosmologischen Expansion mitgenommen, während Galaxien, Sonnensysteme, Planeten, Menschen, Amöben und Atome nicht expandieren. Insofern darf der oft gehörte Ausspruch, dass es „der Raums selbst“ sei, der expandiere, nicht dahin gehend missverstanden werden, dass jedes Objekt mit räumlicher Ausdehnung notwendig diese Expansion ungebremst mitmacht; mehr dazu findet man in Giulini (2014).

4 Erzeugung von Gravitationswellen

Bereits in der Elektrodynamik hat die Frage, wann und mit welcher Stärke eine Ladungs- und Stromverteilung elektromagnetische Wellen aussendet (man sagt auch kurz „strahlt"), eine sehr komplexe Antwort, die nicht in wenigen Sätzen gegeben werden kann. Grundsätzlich gilt hier, dass eine stationäre – also von der Zeit unabhängige – Verteilung niemals strahlt, ebenso wenig wie eine unbeschleunigte (also geradlinig gleichförmig bewegte) Ladung. Hingegen strahlt eine periodisch um eine Ruhelage linear oszillierende Ladung, genauso wie eine mit konstanter Winkelgeschwindigkeit auf einem Kreis herumgeführte.

In der theoretischen Beschreibung zeigt sich nun, dass bestimmte Charakteristika der Ladungsverteilung jeweils bestimmte zeitliche Veränderungen aufweisen müssen, damit Strahlung entsteht. Genauer ist damit folgendes gemeint: Jede Ladungsverteilung kann durch eine abzählbar unendliche Anzahl sogenannter *Multipolmomente* charakterisiert werden. Diese können aus der Ladungsverteilung durch gewichtete Integrale berechnet werden, wobei die Gewichtsfunktionen je nach Multipolordnung Produkte von Koordinatenfunktionen sind (mit so vielen Faktoren wie die Multipolordnung angibt). In der Abzählung der Multipolordnung beginnt man mit dem nullten, dem Monopolmoment, das gerade die Gesamtladung abgibt (Integral über die Ladungsdichte ohne Gewichtsfunktion). Ist die Verteilung kugelsymmetrisch, also gegenüber allen Drehungen im Raum invariant, dann ist das Monopolmoment das einzig nicht verschwindende. Danach kommt das Dipolmoment, das angibt, ob die Verteilung eine Raumrichtung auszeichnet (Integral über die Ladungsdichte mit einer Koordinate als Gewichtsfunktion, wie in Ausdruck (4.1) unten). Verschwindet das Dipolmoment nicht, so ist die Verteilung zwar nicht symmetrisch gegenüber allen Drehungen, aber unter Umständen noch gegenüber solchen, deren Drehachse parallel zur ausgezeichneten Raumrichtung ist. Danach kommen die Momente, die mit Quadrupol, Oktupol und so weiter bezeichnet werden und jeweils immer weniger symmetrische Verteilungen charakterisieren.

D. Giulini und C. Kiefer, *Gravitationswellen*, essentials,
DOI 10.1007/978-3-658-16013-5_4

Jedes Multipolmoment ist nun gesondert für die Erzeugung von Strahlung verantwortlich, wenn es sich zeitlich in bestimmter Weise verändert. Dabei muss die $(n + 1)$-te zeitliche Ableitung des n-ten Multipolmoments von Null verschieden sein, damit Multipolstrahlung dieser Ordnung erzeugt wird. Die von diesem Multipol abgestrahlte Leistung (Gesamtenergie pro Zeiteinheit) ist dann proportional zum Quadrat dieser Ableitung.

Nun gilt in der Elektrodynamik die Ladungserhaltung, was bedeutet, dass das nullte Monopolmoment zeitlich konstant ist. Somit kann es in der Elektrodynamik keine Monopolstrahlung geben. Das erste potentiell beitragende Moment ist also das Dipolmoment, dessen *zweite* zeitliche Ableitung (seine Beschleunigung) von Null verschieden sein muss, um einen Beitrag zur Strahlung zu liefern. Als nächstes folgt das Quadrupolmoment, dessen *dritte* zeitliche Ableitung nicht verschwinden darf, wenn es zu Quadrupolstrahlung kommen soll; entsprechendes gilt für die höheren Momente.

Eine wichtige Bemerkung ist nun, dass der erste nicht verschwindende Multipolanteil der Strahlung in der Regel (wenn auch nicht immer) auch der leistungsstärkste ist. Elektrische Dipolstrahlung wird also in der Regel wesentlich mehr Energie pro Zeiteinheit emittieren als elektrische Quadrupolstrahlung, diese wesentlich mehr als elektrische Oktupolstrahlung und so weiter, sodass man in vielen Situationen alle bis auf die erste vernachlässigen kann. Mathematisch hat dies damit zu tun, dass jede Zeitableitung mit einem Faktor $1/c$ einhergeht, der im quadratischen Ausdruck für die Leistung jede höhere Multipolordnung um einen Faktor $(1/c)^2$ gegenüber der vorhergehenden Ordnung unterdrückt.

Übertragen auf Gravitationswellen bleibt fast alles bisher Gesagte gültig, wenn wir statt Ladungsverteilung Massenverteilung sagen. Auch die Massenverteilung wird durch eine Multipolentwicklung charakterisiert, mit dem (erheblichen) Unterschied, dass es keine negativen Massen gibt. Eine verschwindende Gesamtmasse kann also nur durch eine überall verschwindende Massenverteilung erreicht werden, im Gegensatz zu einer verschwindenden Gesamtladung, die zum Beispiel aus einer positiven und einer negativen Ladung zusammengesetzt werden kann. Wieder gilt, dass es keine Monopolstrahlung gibt. Der wesentliche Unterschied ist aber, dass es gemäß der Allgemeinen Relativitätstheorie auch keine Dipolstrahlung gibt, sodass das erste potentiell beitragende Moment der Massenverteilung das Quadrupolmoment ist. Soll es tatsächlich einen nicht-verschwindenden Beitrag liefern – in diesem Fall in der Regel den dominanten –, dann darf seine dritte zeitliche Ableitung nicht verschwinden. Die Abwesenheit von gravitativer Dipolstrahlung ist einer der Gründe, warum die Abstrahlungsleistung von Gravitationswellen vergleichsweise gering ist.

Wie aber kann man die Abwesenheit von Dipolstrahlung besser verstehen?[1] Betrachten wir der Einfachheit halber zwei elektrische Ladungen e_1 und e_2 unterschiedlichen Vorzeichens sowie zwei Massen m_1 und m_2, die ja immer dasselbe (positive) Vorzeichen haben. Wie sieht es mit der elektromagnetischen Dipolstrahlung aus, die durch die Bewegung der beiden Ladungen zustande kommt? Das elektrische Dipolmoment lautet

$$\mathbf{D}_{\text{el}} = e_1\mathbf{x}_1 + e_2\mathbf{x}_2. \tag{4.1}$$

Die abgestrahlte Leistung ist zum Quadrat der zweiten Ableitung proportional. Die zweite Ableitung ist gegeben durch

$$e_1\mathbf{a}_1 + e_2\mathbf{a}_2, \tag{4.2}$$

worin $\mathbf{a}_1$ und $\mathbf{a}_2$ die Beschleunigungen der beiden Ladungen bezeichnen. Im allgemeinen ist dieser Ausdruck von null verschieden, und es liegt elektromagnetische Dipolstrahlung vor.

Im Falle der Gravitation würde man statt den beiden Ladungen die beiden Massen m_1 und m_2 erwarten. Der Ausdruck (4.2) würde dann lauten:

$$m_1\mathbf{a}_1 + m_2\mathbf{a}_2. \tag{4.3}$$

Nach Newton gilt aber $\mathbf{F} = m\mathbf{a}$ und *actio gleich reactio* (Impulserhaltung), weshalb

$$m_1\mathbf{a}_1 + m_2\mathbf{a}_2 = \mathbf{F}_1 + \mathbf{F}_2 = 0 \tag{4.4}$$

folgt. Die Impulserhaltung ist also verantwortlich dafür, dass es keine gravitative Dipolstrahlung gibt.

Einstein hatte wie eingangs erwähnt bereits 1916 gezeigt, wie seine Feldgleichungen in *linearer Näherung* allgemein zu lösen seien. In dieser Näherung hatte er auch gleich seine berühmte *Quadrupolformel* abgeleitet, die angibt, mit welcher Leistung (Energie pro Zeit) eine Massenverteilung gravitative Quadrupolstrahlung aussendet. Wie bereits beschrieben, ist diese Leistung proportional zum Quadrat der dritten zeitlichen Ableitung des Quadrupolmoments. Angewandt auf einen Körper, der um eine seiner Hauptträgheitsachsen mit (näherungsweiser konstanter) Winkelgeschwindigkeit Ω starr rotiert, ergibt sich diese Leistung nun zu

[1] Siehe etwa Hehl und von der Heyde (1972).

$$L_{GW} = \frac{32}{5} \cdot \frac{G}{c^5} \cdot \Omega^6 \cdot (I_1 - I_2)^2. \tag{4.5}$$

Hier ist G die Newton'sche Gravitationskonstante[2], c die Lichtgeschwindigkeit im Vakuum, und $I_{1,2}$ bezeichnen die Trägheitsmomente des Körpers um die beiden zur Drehachse senkrechten Hauptträgheitsachsen. Wir sehen also, dass optimale Bedingungen für L_{GW} gegeben sind, wenn sich I_1 und I_2 sehr voneinander unterscheiden, etwa falls I_2 so klein gegen I_1 ist, dass es vernachlässigt werden kann.

Letzteres ist zum Beispiel bei einem langen, zylinderförmigen Stab der Gesamtmasse M der Fall, dessen Länge L viel größer ist als sein (konstanter) Querschnitts-Durchmesser d und den man um eine Achse dreht, die den Mittelpunkt des Stabes senkrecht zur Längsrichtung schneidet. Wir betrachten dieses Beispiel etwas genauer, weil es uns deutlich vor Augen führen wird, wie aussichtslos es ist zu versuchen, detektierbare Gravitationswellen im Labor herzustellen. Für diesen Stab sind also die beiden zur Drehachse senkrechten Hauptträgheitsachsen einmal wieder senkrecht zur Längsrichtung, mit I_1 als Hauptträgheitsmoment, und einmal parallel dazu, mit I_2 als Hauptträgheitsmoment. Dann ist I_2 im Verhältnis $(d/L)^2$ kleiner als I_1 und kann im Fall $d \ll L$ vernachlässigt werden. Man kann nun leicht ausrechnen, dass $I_1 = ML^2/12$. Aus (4.5) folgt dann sofort

$$L_{GW} = \frac{2}{45} \cdot \frac{G}{c^5} \cdot \Omega^6 \cdot M^2 \cdot L^4. \tag{4.6}$$

Interessant sind die unterschiedlichen Potenzen, mit denen die Masse M (zweite Potenz) und Winkelgeschwindigkeit Ω (sechste Potenz) in diesen Ausdruck eingehen, die eine direkte Folge der Proportionalität zum *Quadrat* der *dritten* zeitlichen Ableitung des Quadrupolmoments ist: Das Quadrupolmoment ist proportional zur Masse, und jede Ableitung bringt einen zusätzlichen Faktor Ω. Die Folge davon ist, dass es hinsichtlich einer möglichst hohen Abstrahlungsleitung besser ist, ein Glasfaserkabel bis zur Zerreißspannung herumzuschleudern als ein Stahlkabel, weil ersteres nicht nur eine höhere Zerreißspannung besitzt, sondern bei gleicher Spannung wegen der geringeren Masse auch schneller rotiert werden kann, was wegen der höheren Potenz von Ω gegenüber M günstiger ist. Dies können wir auch leicht quantitativ fassen. Zunächst ist es leicht, die Zentrifugalkraft auszurechnen, mit der die beiden Stabhälften am Mittelpunkt in entgegengesetzte Richtung ziehen. Dividiert man diesen Ausdruck durch die Querschnittsfläche Q des Stabes, so er-

[2]Der Wert und die physikalische Einheit der Newton'schen Gravitationskonstante ist $G = 6,674 \cdot 10^{-11} \cdot \mathrm{m}^3 \cdot \mathrm{kg}^{-1} \cdot \mathrm{s}^{-2}$, wobei der Wert der relativen Unsicherheit etwa $5 \cdot 10^{-5}$ beträgt.

hält man die Spannung S (Kraft pro Fläche) in der Mitte des Stabes, wo sie natürlich am größten ist. Als Ergebnis findet man

$$S = \tfrac{1}{2}\rho v^2, \tag{4.7}$$

wobei ρ die Massendichte des Stabes bezeichnet (die wir als innerhalb des Stabes konstant angenommen haben) und v die Geschwindigkeit der Stabenden (es gilt also $v = \Omega L/2$). Ist S_{max} die Zerreißspannung, so kann v nicht größer werden als

$$v_{\mathrm{max}} = \sqrt{\frac{2\,S_{\mathrm{max}}}{\rho}}. \tag{4.8}$$

Ersetzt man in (4.6) das Ω durch $2v/L$ und M durch ρQL, dann erhält man $L_{\mathrm{GW}}^{(\mathrm{Stab})}$ als Funktion von v, ρ und Q (das L kürzt sich heraus). Nimmt man jetzt den durch (4.8) gegebenen maximalen Wert für v an, so erhält man die maximale Leistung an der Zerreißgrenze:

$$L_{\mathrm{GW}}^{\mathrm{max}} = \frac{1024}{45} \cdot \frac{G}{c^5} \cdot \frac{Q^2 \cdot S_{\mathrm{max}}^3}{\rho}. \tag{4.9}$$

Aus dieser Gleichung wird ersichtlich, dass $L_{\mathrm{GW}}^{\mathrm{max}}$ mit der dritten Potenz der Zerreißspannung wächst, und dass bei gleicher Zerreißspannung ein *leichtes* Material zu höheren Werten von $L_{\mathrm{GW}}^{\mathrm{max}}$ führt als ein schweres (ρ steht im Nenner).

Typische Werte für Federstahl sind $\rho = 7{,}8\,\mathrm{g/cm^3}$ und $S_{\mathrm{max}} = 1600\,\mathrm{N/mm^2}$, was im Falle eines Stabes mit einer Querschnittsfläche von $Q = 100\,\mathrm{cm^2}$ zu einer Maximalleistung von etwa $3 \cdot 10^{-30}\,\mathrm{W}$ führt. Im Vergleich dazu hat Glasfaser ein Drittel der Dichte, aber die dreifache Zerreißspannung, was insgesamt die Maximalleistung um den Faktor $3^4 = 81$, also um fast zwei Größenordnungen erhöht.

Wie oben angekündigt, wird durch diese Zahlen die Aussichtslosigkeit des Unterfangens deutlich, nachweisbare Gravitationswellen durch Laborexperimente auf der Erde herstellen zu wollen. Doch wie sieht es im Weltraum aus? Die von der *International Space Station* abgestrahlte Leistung liegt bei etwa $10^{-30}\,\mathrm{W}$ – auch dies unmessbar klein. Bei der Bewegung der Planeten um die Sonne werden höhere Leistungen erreicht. So werden bei der Erdbewegung um die Sonne 200 W und bei der Jupiterbewegung um die Sonne immerhin etwa tausend Watt frei. Das klingt schon besser, kennt man solche Werte doch von den Leistungen starker Lampen im elektromagnetischen Bereich. Wie wir weiter unten noch diskutieren werden, ist jedoch die Wechselwirkung von Gravitationswellen mit Materie derart schwach, dass sich solche Leistungen nicht nachweisen lassen.

Ganz anders liegt der Fall bei sogenannten *kompakten Doppelsternsystemen,* bei dem sich zwei Sterne mit Massen vergleichbar der unserer Sonne sehr nahe kommen. Nehmen wir der Einfachheit halber an, dass die Sterne die gleiche Masse M besitzen und sich im Abstand D auf Kreisen um den gemeinsamen Schwerpunkt bewegen. Der Schwerpunkt fällt dann mit dem Mittelpunkt ihrer Verbindungslinie zusammen, sodass beide Kreise den Radius $D/2$ besitzen. Wir können erneut Formel (4.5) anwenden und das Trägheitsmoment um die Verbindungslinie gegenüber dem senkrecht dazu vernachlässigen. Man erhält dann (mit $I_1 = \frac{1}{2} M D^2$ und $I_2 = 0$)

$$L_{\mathrm{GW}} = \frac{8}{5} \cdot \frac{G}{c^5} \cdot \Omega^6 \cdot M^2 \cdot D^4. \tag{4.10}$$

Diese Formel ist nun formal sehr ähnlich der für den Stab (4.6), unterscheidet sich aber in einem sehr wichtigen Aspekt. Während nämlich in (4.6) die Winkelgeschwindigkeit Ω unabhängig von der Masse M und der Länge L gewählt werden kann, zumindest bis zum Maximalwert an der Zerreißgrenze, besteht im Falle der zwei gravitativ gebundenen Sterne eine dynamische Abhängigkeit dieser Größen, die gerade durch das dritte Kepler'sche Gesetz gegeben ist. Dieses nimmt im vorliegenden Fall (gleiche Massen und Kreisbahnen) folgende Form an:[3]

$$\Omega^2 = \frac{2GM}{D^3}. \tag{4.11}$$

Eliminiert man damit Ω aus (4.10), und führt außerdem statt der Masse M den zu ihr proportionalen *Schwarzschildradius*[4]

$$R_S = \frac{2MG}{c^2} \tag{4.12}$$

[3]Dies folgt hier sofort aus der Gleichheit der Beträge von Zentrifugalkraft, $M\Omega^2(D/2)$, und Gravitationskraft, GM^2/D^2, die auf jede der beiden Massen wirken.

[4]Der aus den Naturkonstanten G und c gebildete Term $2G/c^2$ hat die physikalische Einheit Länge/Masse und in Einheiten *Meter* und *Kilogramm* den gerundeten Wert $2G/c^2 \approx 1{,}5 \cdot 10^{-27}$ m/kg. Durch Multiplikation mit diesem Faktor kann also einer Masse eine Länge – ihr Schwarzschildradius – zugeordnet werden. Die Masse der Sonne ist $M_\odot = 2 \cdot 10^{30}$ kg, hat also einen Schwarzschild-Radius von etwa 3 km. Gemäß den Gesetzen der Allgemeinen Relativitätstheorie entsteht aus einer Masse ein Schwarzes Loch, wenn man sie unterhalb ihres Schwarzschildradius' komprimiert. Dieser Aspekt steht hier für uns aber nicht im Vordergrund. Wir benutzen im Folgenden R_S lediglich als eine übersichtliche Art, die Abhängigkeit der diversen Ausdrücke von den Massen der betrachteten Objekte darzustellen, auch dann, wenn sie keine Schwarzen Löcher sind.

ein, so nimmt (4.10) die Form an:

$$\begin{aligned} L_{\mathrm{GW}} &= \frac{2}{5} \cdot \frac{c^5}{G} \cdot \left(\frac{R_S}{D}\right)^5 \\ &\approx 10^{52}\,\mathrm{Watt} \cdot \left(\frac{R_S}{D}\right)^5 . \end{aligned} \tag{4.13}$$

Man beachte, dass sich abgesehen von einer leichten Veränderung des numerischen Faktors der in (4.10) auftretende Bruch G/c^5 in seinen Kehrwert verwandelt hat! Während also in SI-Einheiten (Kilogramm, Meter, Sekunde) der numerische Wert von G/c^5 mit etwa $2,8 \cdot 10^{-53}$ extrem klein ist – weswegen wir auch sehr kleine Leistungen im Falle des rotierenden Stabes erhalten haben –, ist entsprechend der Kehrwert mit ungefähr $3,6 \cdot 10^{52}$ extrem groß. Natürlich wurde dies nur deshalb erreicht, weil wir vereinbart haben, statt des Massenparameters M den Schwarzschildradius R_S zu verwenden, in dem ja seinerseits Potenzen von G/c^2 versteckt sind. Der springende Punkt ist aber, dass es in der Natur tatsächlich Systeme gibt, in denen der Quotient R_S/D nicht allzu klein ist, sodass in der Tat die Form (4.13) einen guten Eindruck von erreichbaren Leistungen in kompakten Doppelsternsystemen gibt.

Betrachten wir den Fall zweier Neutronensterne mit der typischen Masse von je 1,4 Sonnenmassen. Der dieser Masse entsprechende Schwarzschildradius beträgt gemäß (4.12) etwa 4 km (vgl. Fussnote 4), was etwa einem Drittel des Neutronensternradius entspricht. Umkreisen sich zwei solche Neutronensterne zunächst im Abstand von einer Astronomischen Einheit – das ist der mittlere Abstand der Erde von der Sonne –, also in etwa 150 Mio. km, dann beträgt die dimensionslose Zahl R_S/D etwa $3 \cdot 10^{-8}$ und (4.13) liefert eine Leistung von etwa 10^{14} W, entsprechend einer Leistung von hunderttausend Kernkraftwerken im Gigawattbereich. Das klingt nach viel, ist aber im astrophysikalischen Kontext eher wenig. So sei etwa daran erinnert, dass unsere Sonne eine elektromagnetische Abstrahlungsleitung von etwa $4 \cdot 10^{26}$ W besitzt, also dem Billionenfachen des obigen Werts. Allerdings führt die fünfte Potenz, mit der (R_s/D) in (4.13) auftritt dazu, dass jede Verringerung des Abstandes der Neutronensterne um einen Faktor 10 eine 10^5-fache (hunderttausend-fache) Erhöhung der Abstrahlungsleitung nach sich zieht. Eine Luminosität in der Größe von $4 \cdot 10^{26}$ W würde demnach erreicht, wenn sich die beiden Neutronensterne im Abstand von einer halben Million Kilometer umkreisten, also etwas mehr als dem Abstand Erde-Mond und etwas weniger als dem Radius der Sonne. Im Extremfall sich gerade berührender (und dann verschmelzender) Neutronensterne, wenn also der Abstand D gerade dem Durchmesser des

Neutronensterns ist, der wie schon bemerkt etwa das Sechsfache des Schwarzschildradius' ist, erhält man mit $(R_S/D)^5 = 1/7776 = 1,3 \cdot 10^{-4}$ eine maximale Abstrahlungsleistung von sagenhaften 10^{48} W, die natürlich nur extrem kurz andauern wird. Übersetzt auf den elektromagnetischen Bereich entspräche dies einer Luminosität von nahezu 10^{22} Sonnen (jede mit $4 \cdot 10^{26}$ W strahlend), oder krasser ausgedrückt: Der elektromagnetischen Luminosität fast aller Sterne im sichtbaren Universum zusammengenommen![5] Natürlich fußt diese letzte Abschätzung auf einer eigentlich unzulässigen Extrapolation der nur für schwache Gravitationswellen gültigen (linearen) Näherung (4.13); die Größenordnung wird aber trotzdem einigermaßen stimmen. Wie wir noch sehen werden, wurde diese enorme Luminosität bei dem beobachteten Ereignis vom September 2015 tatsächlich erreicht und sogar leicht übertroffen. Nur waren dort keine Neutronensterne, sondern Schwarze Löcher beteiligt.

Die Frequenz der abgestrahlten Gravitationswellen ist wie immer bei Quadrupolstrahlung das Doppelte der Bahnfrequenz der Sternbewegung.[6] Die Frequenzen der realistisch zu erwartenden Gravitationswellen sind deshalb um ein Vielfaches kleiner als die Frequenzen elektromagnetischer Strahlung, die ihren Ursprung in den viel größeren Frequenzen atomarer Prozesse hat. Die Frequenzen der Gravitationswellen liegen somit eher in Bereichen, wie man sie von akustischen Signalen kennt.

[5] Eine Schätzung der Anzahl aller Sterne im sichtbaren Universum ist natürlich mit vielen Unsicherheiten behaftet und daher mit großer Vorsicht zu genießen. Eine Studie des Astronomen Simon Driver von der Universität Perth in West-Australien aus dem Jahr 2003 kommt auf 70 Trilliarden = $7 \cdot 10^{22}$.

[6] Weil das Quadrupolmoment eine unter 180-Grad-Drehung invariante Größe ist, wird ein voller Wellenzug bereits nach einer halben Drehung ausgesandt.

5 Indirekter Nachweis: Binärpulsare

Bei einem *indirekten* Nachweis von Gravitationswellen begnügt man sich damit, die Folgen des durch die Abstrahlung entstehenden Energieverlustes an einem System selbst zu messen, ohne dass dabei die entsandten Gravitationswellen in irgendeiner Form auch selbst detektiert werden. Eine solche beobachtbare Folge eines Energieverlustes ist etwa die zeitliche Veränderung der Umlaufperiode eines Doppelsternsystems. Ist diese gemessen und gerade so groß wie die theoretische Voraussage des Energieverlustes durch Gravitationswellen, so kann man dann von einem Nachweis sprechen, wenn man hinreichend überzeugend ausschließen kann, dass dieser Energieverlust nicht doch auf das Konto irgendeines anderen Prozesses geht. Solche Auschlussverfahren sind in der Regel komplex und auch nicht immer eindeutig. Es ist deshalb wichtig, mehrere dieser „Indizien" an physikalisch unabhängigen Systemen zu sammeln, um die Wahrscheinlichkeit einer Fehldeutung, die ja dann alle Systeme gleichermaßen betreffen müsste, zu minimieren.

Das erste und bereits sehr überzeugende Indiz fand man am sogenannten *Hulse-Taylor-Pulsar*, der 1974 von Joseph Taylor und Russell Hulse mithilfe des großen Radioteleskops am Arecibo-Observatorium in Puerto Rico entdeckt wurde. Dieser ist ein sogenannter *Binärpulsar*, bildet also zusammen mit einem Begleitstern ein gravitativ gebundenes Doppelsternsystem und befindet sich etwa in einer Entfernung von 21000 Lichtjahren in Richtung des Sternbilds Adler. Astronomen bezeichnen ihn mit dem Namen *PSR B1913+16* oder *PSR J1915+1606*.[1] Wie wir

[1] Die Nomenklatur der Pulsare ist so, dass dem Kürzel „PSR" (für pulsating source of radio emission) die Position des Objekts auf der Himmelssphäre mit den Winkeln für Rektaszension und Deklination folgt. Die Rektaszension ist vierstellig und wird in Stunden und Minuten angegeben, die Deklination kann positiv (+) oder negativ (−) sein und wird oft nur zweistellig in Grad angegeben, bei vierstelligen Angaben entweder in Grad und zehntel Grad oder Grad und Minuten. Da sich die Position mit der Zeit ändert, unterscheidet man manchmal die Positionsangabe bezogen auf die Epoche 1950 mit einem vorgeschriebenen B von der Epoche 2000 mit einem vorgeschriebenen J. Deswegen hat beispielsweise der Hulse-Taylor-Pulsar die beiden

D. Giulini und C. Kiefer, *Gravitationswellen*, essentials,
DOI 10.1007/978-3-658-16013-5_5

heute wissen, handelt es sich dabei um ein System zweier Neutronensterne mit annähernd gleichen Massen von 1,44 und 1,39 Sonnenmassen. Der schwerere der beiden Sterne ist der eigentliche Pulsar, der in streng periodischen Zeitabständen von 59 ms elektromagnetische Pulse mit einer Radiofrequenz von etwa 1,4 GHz (Gigahertz) aussendet. Diese entstehen, weil sich der Stern mit dieser Periode um eine eigene Achse dreht und gleichzeitig ein stark gebündeltes Magnetfeld analog dem eines Magnetstabs besitzt, dessen Richtung aber gegen die Drehachse gekippt ist und sich so mit dem Stern herumdreht. Man hat also ein zeitlich veränderliches magnetisches Dipolfeld und als Folge eine gebündelte Emission elektromagnetischer Strahlung, wobei die Emissionsrichtung einmal in 59 ms die Erde trifft, vergleichbar etwa dem Lichtkegel eines Leuchtturms. Der etwas leichtere Begleitstern ist unsichtbar, verrät einige seiner Details jedoch durch seinen gravitativen Einfluss auf die Bahn des Pulsars. Über die Bahn des Pulsars haben wir Kenntnis, weil sie sich direkt auf die Ankunftszeiten der Pulse auswirkt, zum Beispiel durch den Doppler-Effekt, der die Periode verkürzt oder verlängert erscheinen lässt, je nachdem ob sich der Pulsar gerade auf uns zu beziehungsweise von uns weg bewegt. Daher wissen wir etwa, dass die Sterne sich mit einer Periode von 7,75 h umeinander bewegen, allerdings nicht auf Kreisen (wie im vorhergehenden Kapitel zur Vereinfachung der theoretischen Argumente angenommen), sondern jeweils auf präzidierenden Ellipsen hoher Exzentrität ($\varepsilon = 0{,}6$) um den gemeinsamen Schwerpunkt. Dabei nähern sich die Sterne bis auf eine Entfernung von etwa 1,5 Mio. km an, ensprechend etwa dem Durchmesser unserer Sonne, und entfernen sich bis auf das gut Vierfache dieses Wertes. Die Präzession der Ellipsen ist ein bekannter Effekt, den die Allgemeine Relativitätstheorie bereits für die Planeten des Sonnensystems voraussagt und der im Falle des sonnennächsten Planeten, Merkur, nach Abzug der Störungen durch die anderen Planeten, 43 Bogensekunden[2] in 100 Jahren ausmacht. Im vorliegenden Fall des Hulse-Taylor-Pulsars beträgt diese allgemein-relativistische *Periastronpräzession* (im Sonnensystem spricht man von Perihelpräzession) 4,2 Grad pro Jahr, also bereits dem 36000-fachen des Wertes für den Merkur.

(Fortsetzung 1)
angegebenen Bezeichnungen *PSR B1913+16* und *PSR J1915+1606*. Pulsare in Doppelsternsystemen heißen *Binärpulsare;* solche bei denen der Begleiter ebenfalls ein Pulsar ist, heißen *Doppelpulsare*. Will man die beiden Komponenten namentlich unterscheiden, stellt man der Deklination noch ein A oder B nach.

[2]Eine Bogenminute ist der 60. Teil einer Winkelgrades, eine Bogensekunde der 60. Teil einer Bogenminute. Somit ist eine Bogensekunde der 3600. Teil eines Winkelgrades. Sie entspricht dem Winkel, unter dem man die Enden eines Meterstabes aus einer Entfernung von 200 km sieht.

Wird einem solchen Binärsystem ständig Energie entzogen, dann kann man die einhergehende zeitliche Änderung der Bahndaten leicht berechnen, wenn man annimmt, dass die pro Umlauf entzogene Energiemenge sehr klein ist im Vergleich zur Energie des Gesamtsystems. Dies ist im vorliegenden Fall sicher erfüllt, wie eine einfache Abschätzung zeigt. In diesem Fall werden sich die verschiedenen Bahnparameter (Halbachse, Periode, Exzentrität etc.) zeitlich korreliert verändern, so dass zu jedem Zeitpunkt die Gleichgewichtsbedingungen erfüllt sind.[3] Dies sei am idealisierten Fall von Kreisbahnen erläutert, der zwar unrealistisch ist, aber die wesentlichen Ideen gut und einfach wiedergibt.

Bewegen sich die beiden gleichschweren Komponenten des Binärsystems im Abstand D auf Kreisbahnen vom Radius $D/2$ um den gemeinsamen Schwerpunkt mit Winkelgeschwindigkeit Ω, so ist die Gesamtenergie des Systems die Summe aus kinetischer und potentieller Energie:

$$E = E_{\text{kin}} + E_{\text{pot}} = \tfrac{1}{4} M \Omega^2 D^2 - G \cdot \frac{M^2}{D}. \tag{5.1}$$

Aus dem dritten Kepler'schen Gesetz (4.11), das äquivalent ist der Gleichheit von Zentrifugalkraft und gravitativer Anziehung (Gleichgewichtsbedingung), folgt sofort, dass die kinetische Energie die Hälfte des Betrags der potentiellen Energie besitzt und das entgegengesetzte Vorzeichen hat. Also ist

$$E = \tfrac{1}{2} E_{\text{pot}} = -G \cdot \frac{M^2}{2D}. \tag{5.2}$$

Bezeichnet man die zeitliche Änderungsrate (Ableitung) einer Größe mit einem darüber geschriebenen Punkt, so folgt daraus

$$\frac{\dot{E}}{E} = -\frac{\dot{D}}{D} = \frac{2}{3}\frac{\dot{\Omega}}{\Omega} = -\frac{2}{3}\frac{\dot{P}}{P}. \tag{5.3}$$

Dabei folgt das zweite Gleichheitszeichen aus dem dritten Kepler'schen Gesetz (4.11). Das dritte Gleichheitszeichen gilt für die Periode der Bahn, die definiert ist durch $P = 2\pi/\Omega$.

Wenn wir nun die physikalisch wesentliche Annahme machen, dass die Energieverlustrate des Binärsystems ausschließlich eine Folge der Abstrahlung von Gravitationswellen mit der vormals berechneten Luminosität ist, dass also $\dot{E}$ in (5.3) gleich ist dem negativen (Verlust!) des Ausdrucks (4.10), dann folgt sofort

[3] Vergleichsweise langsame Änderungen, bei denen momentan immer noch die dynamischen Gleichgewichtsbedingungen gelten, nennt man „adiabatisch“.

$$\dot{D} = -\frac{16}{5}\, c \left(\frac{R_S}{D}\right)^3 . \tag{5.4}$$

Dies ist eine Differentialgleichung für die Funktion $D(t)$, deren Lösung mit der Anfangsbedingung $D(t = 0) = D_0$ gegeben ist durch

$$D(t) = D_0 \left(1 - \frac{t}{t_s}\right)^{\frac{1}{4}} . \tag{5.5}$$

Hier ist

$$t_s = \frac{5}{64} \cdot \frac{R_S}{c} \cdot \left(\frac{D_0}{R_S}\right)^4 \tag{5.6}$$

die Zerfallszeit des Systems, nach der der Abstand der beiden Sterne auf Null geschrumpft ist, diese also spätestens kollidieren. Für die Bahnbewegung des Riesenplaneten Jupiter um die Sonne ist diese Zeit von der Größenordnung 10^{23} Jahren, was das heutige Weltalter um einen unvorstellbaren Faktor 10^{13} übersteigt. Wir brauchen uns also wegen des Absturzes von Jupiter (und der Erde!) in die Sonne keine unmittelbaren Sorgen machen.

Alternativ hätte man statt der Änderungsrate des Abstands die der Periode ausrechnen können, die aus (5.4) durch Ersetzung von D durch P vermittels des dritten Kepler'schen Gesetzes folgt. Man erhält dann die Differentialgleichung für $P(t)$,

$$\dot{P} = -\frac{24}{5}\, (2\pi)^{8/3} \left(\frac{R_S}{Pc}\right)^{\frac{5}{3}} , \tag{5.7}$$

deren Lösung mit der Anfangsbedingung $P(t = 0) = P_0$ gegeben ist durch

$$P(t) = P_0 \left(1 - \frac{t}{t_s}\right)^{\frac{3}{8}} , \tag{5.8}$$

wobei

$$t_s = \frac{5}{64} \cdot \frac{R_S}{c} \cdot \left(\frac{P_0 c/2\pi}{R_S}\right)^{\frac{8}{3}} \tag{5.9}$$

wieder die Zerfallszeit (5.6) des Systems ist, nur ausgedrückt durch P statt D (vermittels des dritten Kepler'schen Gesetzes).

Rechnet man aus (5.7) die Periodenänderung für den Fall $M = 1{,}4$ Sonnenmassen und $P = 7{,}75\,\mathrm{h}$ aus, so erhält man $\dot{P} = 2 \cdot 10^{-13}$. Diese Rechnung unterschätzt jedoch die tatsächliche Voraussage für den Hulse-Taylor-Pulsar, da in diesem weder die Massen gleich noch die Bahnen kreisförmig sind. Während der erste Umstand hier kaum ins Gewicht fällt, tut es der zweite aber umso mehr.[4] Der korrigierte Wert ist dann

$$\dot{P}_{\mathrm{ART}} = -2{,}4025 \cdot 10^{-12}, \tag{5.11}$$

was bis auf zwei Promille mit dem beobachteten Wert übereinstimmt.

In Abb. 5.1 ist nun die kumulative Verkleinerung der Bahnperiode für den Hulse-Taylor-Pulsar wiedergegeben, die sich in den 38 Jahren von 1975 bis 2013 aufsummiert hat und mittlerweile mehr als eine Minute beträgt. Die durchgezogene Linie gibt die Vorhersage der Allgemeinen Relativitätstheorie wieder, die aus der zu (5.8) analogen Formel mit Berücksichtigung der Exzentrität gewonnen wird. Die Übereinstimmung ist im heute im Bereich weniger Promille (Weisberg und Huang 2016).

Dieser erste indirekte Nachweis von Gravitationswellen und die gleichzeitig damit verbundene Bestätigung der Allgemeinen Relativitätstheorie brachte den Entdeckern von *PSR B1913+16,* Hulse und Taylor, den Nobelpreis des Jahres 1993. Die Begründung lautete: „for the discovery of a new type of pulsar, a discovery that has opened up new possibilities for the study of gravitation".

[4]Mithilfe einer genaueren theoretischen Analyse kann man zeigen, dass die allgemeine Formel für $\dot{P}$ aus (5.7) durch zwei Änderungen hervorgeht: Um erstens die Ungleichheit der Massen zu berücksichtigen, muss man die Masse M im Ausdruck für $R_S = 2GM/c^2$ durch $\left[2(M_1 M_2)^3/(M_1 + M_2)\right]^{1/5}$ ersetzen. Dieser Ausdruck ist das $2^{1/5}$-Fache der sogenannten „Chirp-Masse" $\mathcal{M}$, die uns weiter unten in Formel (6.1) nochmals begegnen wird (siehe auch Fußnote 1 in Kap. 6). Um zweitens neben kreisförmigen auch elliptische Bahnen zu berücksichtigen, deren Exzentrität durch den Parameter ε charakterisiert wird, der Werte im Intervall zwischen Null (entsprechend einer Kreisbahn) und Eins (ensprechend einer zu einem Strich entarteten Ellipse) annehmen kann, muss man die rechte Seite von (5.7) multiplizieren mit

$$f(\varepsilon) = \frac{1 + \frac{73}{24}\varepsilon^2 + \frac{37}{96}\varepsilon^4}{(1 - \varepsilon^2)^{7/2}}. \tag{5.10}$$

Im Hulse-Taylor-System sind die Massen besser als bis auf 0,2 Promille genau bekannt (Will 2014) und betragen gerundet 1,44 und 1,39 Sonnenmassen. Der durch diese geringe Ungleichheit bedingte multiplikative Korrekturfaktor (relativ zu der obigen vereinfachenden Annahme von je 1,4 Sonnenmassen) beträgt nur 1,018. Erheblich größer ist die Korrektur, die durch die Exzentrität ε der Bahn verursacht wird. Letztere ist für das Hulse-Taylor-System sogar bis auf 6 Nachkommastellen bekannt (Will 2014) und beträgt gerundet 0,62. Dadurch ergibt sich der multiplikative Korrekturfaktor (5.10) zu 11,86. Die große Exzentrität der Bahn trägt also ganz erheblich zur Erhöhung der gravitativen Strahlungsleistung bei.

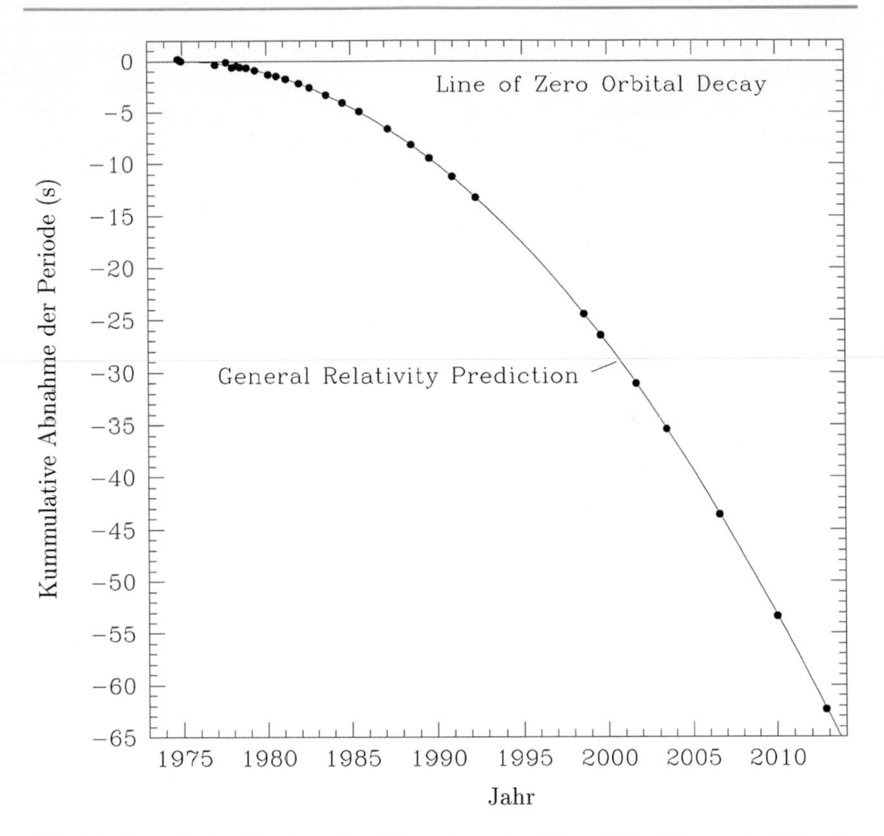

Abb. 5.1 Kumulative Abnahme der Bahnperiode des Hulse-Taylor-Pulsars als Folge des Energieverlustes durch Abstrahlung von Gravitationswellen während des Beobachtungszeitraums 1975–2013. Nach Abzug der galaktischen Korrektur stimmt die theoretische Voraussage mit der Messung im Bereich von etwa 0,2 % überein. Das auffällige Fehlen von Datenpunkten in der Mitte der 1990er Jahre hat seinen Grund in einer technischen Revision des Arecibo-Teleskops während dieser Zeitspanne. (Quelle: Weisberg und Huang 2016, S. 8)

Mittlerweile kennt man eine Reihe von Binärpulsaren, unter denen sich auch ein echter Doppelpulsar befindet. Seine beiden Komponenten tragen die Namen *PSR J0737-3039A* und *PSR J0737-3039B*. Dieses System eignet sich aus vielerlei Gründen noch besser als *PSR B1913+16* zur Überprüfung der Allgemeinen

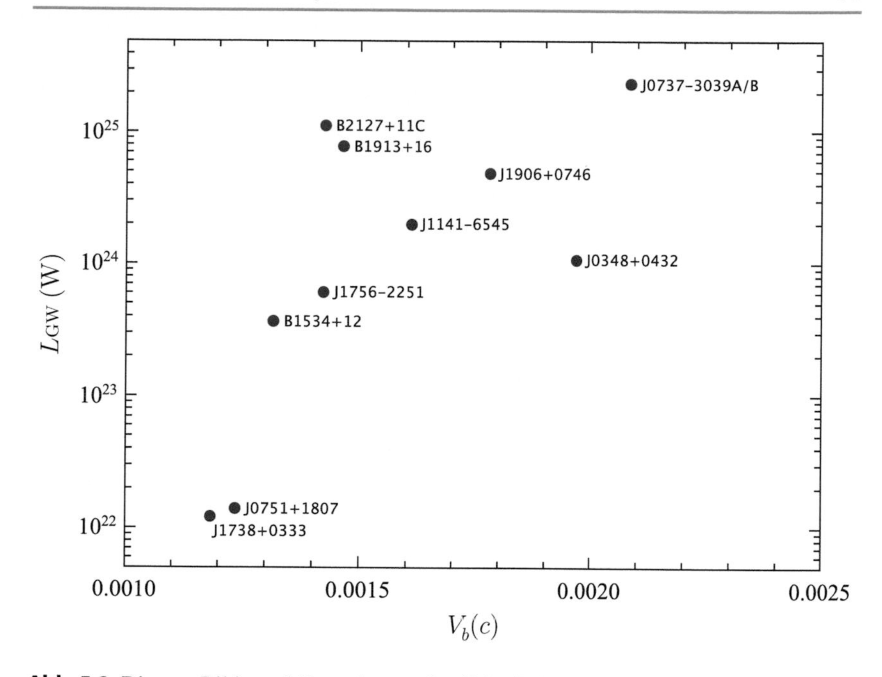

Abb. 5.2 Dieses Bild enthält zehn „schnelle“ Pulsare, deren Bahnperioden kleiner als ein Tag sind. Horizontal ist die Bahngeschwindigkeit V_b in Einheiten der Vakuum-Lichtgeschwindigkeit c aufgetragen, vertikal im logarithmischen Maßstab die Gravitationswellen-Luminosität in Einheiten von Watt. Die blauen Punkte bezeichen Pulsare, deren Begleiter ein Neutronenstern ist, bei den roten Punkten ist der Begleiter ein weißer Zwerg. Bei allen gezeigten zehn Systemen wurde die Abnahme der Bahnperiode gemessen, am genauesten mit deutlich besser als 0,1 % beim Doppelpulsar J737-3039A/B oben rechts, der auch der mit der kürzesten Umlaufzeit und der gravitativ „leuchtkräftigste“ ist. Die Genauigkeit für die „schwächsten“ gemessenen Systeme J0751+1807 und J1738+0333 unten links beträgt derzeit etwa 10 %. (Quelle: Norbert Wex, Max-Planck-Institut für Radioastronomie, Bonn)

Relativitätstheorie. Zum einen ist dieses System noch extremer hinsichtlich der Höhe der Relativgeschwindigkeit beider Komponenten und der Luminosität L_{GW}. Außerdem ist dieses System uns viel näher (2000 statt 20.000 Lichtjahre) und unsere Sichtlinie liegt fast genau in der Bahnebene der beiden Komponenten (sogenannte Kantenstellung). Ersteres bedingt, dass die galaktische Korrektur und damit die durch sie hereingebrachte systematische Unsicherheit viel kleiner sind.[5] Die glückliche Kantenstellung wiederum erlaubt noch genauere Bestimmungen einzelner Systemparameter durch Ausnutzen anderer Effekte der Allgemeinen Relativitätstheorie, wie etwa der Laufzeitverzögerung von elektromagnetischen Signalen im Gravitationsfeld schwerer Massen, im vorliegenden Fall also die Pulse des einen im Gravitationsfeld des anderen Neutronensterns. In Abb. 5.2 sind eine Reihe von bekannten „schnellen" Binärpulsaren mit ihren Geschwindigkeiten und Abstrahlungsleistungen aufgetragen. Daraus geht hervor, dass das Doppelpulsar-System *PSR J0737-3039* mit gut $2 \cdot 10^{25}$ Watt das leistungsstärkste ist, dicht gefolgt vom Hulse-Taylor-Pulsar.

Zum Schluss dieses zum Teil etwas technischen Kapitels bemerken wir noch, dass die obigen Formeln wie eingangs erwähnt auf Einsteins „Quadrupolformel" beruhen. Diese ist eine gute Näherung, solange sich die Sterne nicht zu schnell bewegen, die Wellenlänge der Strahlung groß genug ist und man sich in weitem Abstand befindet. Da sich durch die Abstrahlung der Wellen die Sterne annähern und dabei schneller werden, verliert diese Näherung irgendwann einmal ihre Gültigkeit. Man behilft sich dann zunächst mit einer Methode, die man als *post-Newtonsche Näherung* bezeichnet. Dabei werden Terme berücksichtigt, welche die Sterngeschwindigkeiten in immer höherer Ordnung enthalten. Am Ende prallen die Objekte aufeinander, und das Gravitationsfeld wird so stark, dass man die vollen Einstein-Gleichungen ohne Näherung lösen muss, was nur durch den Einsatz von Hochleistungsrechnern geschehen kann. Sämtliche Methoden (Quadrupolformel, post-Newtonsche Näherung, Numerik) kommen bei dem unten diskutierten direkt beobachteten Ereignis zur Anwendung.

[5] Bei der „galaktische Korrektur", die bei *PSR B1913+16* zu berücksichtigen ist, handelt es sich um einen Beitrag zur scheinbaren Periodenverkleinerung (Frequenzerhöhung), bedingt durch den Doppler-Effekt und die beschleunigte Annäherung dieses Systems an uns. Letztere ist eine Folge der differentiellen Rotation unserer Galaxie und den Lagen von *PSR B1913+16* und unserem Sonnensystem in der galaktischen Scheibe. *PSR B1913+16* liegt weiter innen und weiter zurück (relativ zur Drehrichtung), setzt also gewissermaßen gerade dazu an, uns auf der „Innenbahn" zu überholen. Diesen in den Beobachtungsdaten enthaltenen rein kinematischen Effekt muss man natürlich abziehen, bevor man sie mit den Voraussagen der Allgemeinen Relativitätstheorie vergleicht.

6 Direkter Nachweis: Interferometer

Die Ausbreitung einer Gravitationswelle führt dazu, dass sich physikalische Abstände in der Ebene senkrecht zur Ausbreitungsrichtung periodisch ändern. Die relative Längenänderung ist dabei durch die Formel (3.1) gegeben, mit h als der Wellenamplitude. Wie kann man eine solche Änderung nachweisen?

Historisch bedeutsam waren die Experimente des US-amerikanischen Physikers Joseph Weber, der in den sechziger Jahren damit begonnen hatte, hochempfindliche zylinderförmige Resonatoren zum Nachweis von Gravitationswellen zu konstruieren. Trifft eine Welle auf einen solchen Zylinder, so werden – vorausgesetzt, die Frequenz der Welle liegt in der Nähe der Resonanzfrequenz – Schwingungen angeregt, die sich mit Piezo-Quarzelementen prinzipiell nachweisen lassen; siehe Abb. 6.1.

Tatsächlich hat Weber Ende der sechziger Jahre verkündet, auf diese Weise Gravitationswellen nachgewiesen zu haben. Auf die anfängliche Begeisterung folgte in der wissenschaftlichen Gemeinschaft freilich die baldige Ernüchterung, da es keiner anderen Gruppe gelungen war, mit solchen Resonatoren Gravitationswellen nachzuweisen. Obwohl die genauen Ursachen für Webers Fehlmessungen schleierhaft sind, ist jedenfalls klar, dass bei einer zu erwartenden Amplitude einer Gravitationswelle von 10^{-21} ein Nachweis nach seiner Methode illusorisch ist. Nimmt man nämlich eine Ausdehnung des Zylinders von einem Meter an, ergibt sich mit (3.1) eine relative Längenänderung von etwa 10^{-21} m. Für eine Messung mit einem Weber-Zylinder bedarf es außerordentlich starker Quellen – etwa verschmelzende Schwarze Löcher in unserer eigenen Milchstraße –, die sehr selten sind.

Aus diesem Grund hat man sich bereits in den siebziger Jahren um Alternativen bemüht. Als beste Lösung gelten *Laserinterferometer*, deren Funktionsweise schematisch in Abb. 6.2 dargestellt ist. Diese beruhen auf dem Prinzip, dass Laserlicht von der Quelle auf einen Strahlteiler trifft, die beiden Teilstrahlen sich dann senkrecht voneinander wegbewegen, an Spiegeln reflektiert und dann zur Interferenz

D. Giulini und C. Kiefer, *Gravitationswellen*, essentials,
DOI 10.1007/978-3-658-16013-5_6

Abb. 6.1 Hier sieht man Joseph Weber von der Universität Maryland (USA), wie er auf die Oberfläche des Aluminiumzylinders („Weber-Zylinder") Piezo-Quarzelemente anbringt, die im Falle einer resonanten Erregung des Zylinders durch Gravitationswellen die durch die Schwingung entstehenden mechanischen Spannungen in elektrische Spannungen übersetzen und so direkt abgreifbar machen. (Quelle: Volker Steger, Science Photo Library)

gebracht werden, was sich in einem Detektor nachweisen lässt (vgl. Abb. 6.2). Die Ausbreitung des Laserlichts erfolgt in luftleer gepumpten Röhren. Trifft nun eine Gravitationswelle senkrecht zu dieser Anordnung ein, so werden die Abstände zu den beiden Spiegeln relativ zueinander verändert und führen zu einer im Prinzip messbaren Verschiebung des Interferenzmusters.

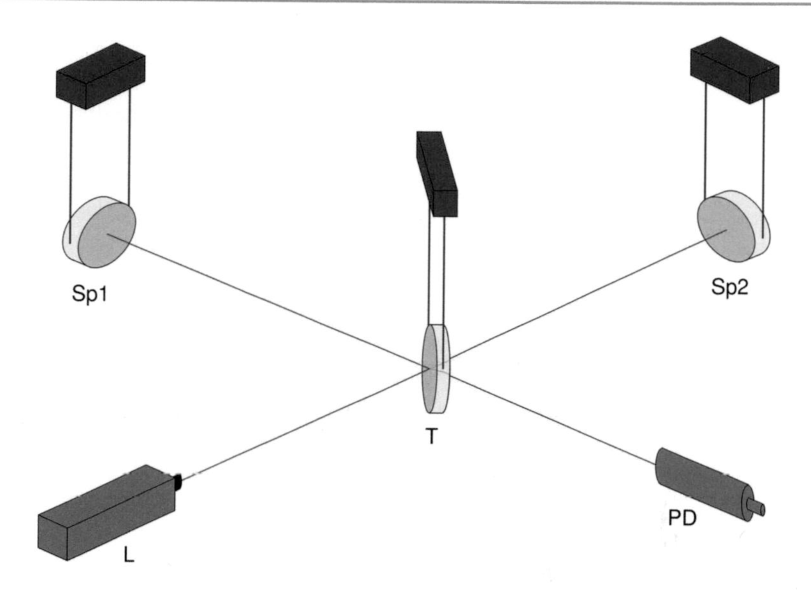

Abb. 6.2 Schematischer Verlauf des Lichtstrahls in einem Interferometer, wie es zum Nachweis von Gravitationswellen benutzt wird. Das Licht der Quelle L trifft den Strahlteiler T und wird mit gleicher Amplitude sowohl in Richtung des Spiegels Sp1 als auch Sp2 geschickt. Die senkrecht aufeinander stehenden Teilstrecken von T nach Sp1 und zurück bzw. von T nach Sp2 und zurück werden von den Teilstrahlen getrennt durchlaufen, bevor sie sich bei T wieder vereinigen und gemeinsam zu Detektor PD gelenkt werden. Unter dem Einfluss einer Gravitationswelle wird das Verhältnis der Abstände von T nach Sp1 bzw. von T nach Sp2 in charakteristischer Weise geändert, was am ankommenden Signal in PD erkennbar ist. (Quelle: Markus Pössel, einstein-online.info)

Während diese Idee zum Nachweis von Gravitationswellen im Prinzip sehr einfach ist, benötigt man wegen der Kleinheit der Effekte eine ausgeklügelte Technologie, um solche Effekte bei den vielen möglichen Störquellen tatsächlich identifizieren zu können. Zu diesen Störquellen gehören vor allem seismische Effekte, aber auch der ganz normale Straßenverkehr. Solche Störungen können nur dann erkannt werden, wenn mindestens zwei Interferometer an unterschiedlichen Orten das gleiche physikalische Signal empfangen.

Mittlerweile existieren weltweit vier Interferometer, die betriebsbereit sind, sowie zwei, die im Aufbau begriffen beziehungsweise geplant sind. Die betriebsbereiten Interferometer sind die beiden LIGO-Detektoren in den USA, der GEO600-Detektor bei Hannover sowie der VIRGO-Detektor bei Pisa. LIGO steht für „Laser Interferometer Gravitational-Wave Observatory" und bezeichnet zwei

Detektoren, die sich in Hanford (Washington) und in Livingston (Louisiana) befinden und etwa 3000 km voneinander entfernt sind; die Armlänge dieser Detektoren beträgt etwa 4 km. Das GEO600-Observatorium weist eine Armlänge von 600 m auf; es bildet gemeinsam mit den LIGO-Observatorien die internationale LIGO-Kollaboration mit mehr als tausend Wissenschaftlern. Ein Großteil der in diesen Detektoren eingesetzten Technologie wurde am GEO600-Observatorium entwickelt. Der VIRGO-Detektor in Italien weist eine Armlänge von 3 km auf. Der Detektor wird weiterentwickelt und soll als wesentlich empfindlicherer ADVANCEDVIRGO-Detektor noch 2016 auf Empfang gehen. Die LIGO-Observatorien gingen das erste Mal 2002 in Empfang, doch wurde das erste Ereignis erst 2015 mit dem weiterentwickelten ADVANCEDLIGO-Detektor beobachtet. Der Detektor wird weiter verbessert und soll sein endgültiges Design 2021 erreichen. Die Empfindlichkeit der Detektoren auf Gravitationswellen liegt im Frequenzbereich zwischen etwa 50 Hz und 1,5 kHz. Es sei noch erwähnt, dass je ein Gravitationswellendetektor ähnlicher Funktionsweise in Indien geplant und in Japan im Aufbau begriffen ist, die zusammen mit den bereits bestehenden ein weltweites Netzwerk bilden sollen.

Bei einer Armlänge von 4 km erhält man nach (3.1) eine relative Längenänderung, welche die des Weber-Zylinders um das 4000-fache übertrifft. Trotzdem erscheint die sich bei einer Amplitude von 10^{-21} ergebende Längenänderung von bestenfalls 10^{-17} m immer noch unmessbar klein zu sein: Kein gewöhnliches materielles Objekt kann auf seiner Oberfläche und in seinen äußeren räumlichen Abmessungen im Prinzip genauer als bis auf eine Atomlage gefertigt werden, also bis auf einige 10^{-10} m. Das trifft insbesondere auch für die optimal polierten Spiegel in einem Interferometer zu. Wie also soll es möglich sein, physikalisch definierte „Distanzen“ besser als bis auf den zehnmillionstel Teil eines Atomdurchmessers zu messen? Eine Antwort gibt die Quantenoptik in Kombination mit der besten heute verfügbaren Lasertechnologie. In der Optik bezieht sich das Wort „Distanz“ eben nicht unmittelbar auf den Abstand zwischen Atomen, sondern auf den Abstand zwischen „mittleren Reflexionsflächen“. Letztere sind optisch definiert und zwar in ihrer räumlichen Lage weit genauer als bis auf Atomdurchmesser. Es sind also die optischen Weglängen zwischen diesen Reflektionsflächen und nicht die naiv verstandenen (und viel ungenauer bekannten) Distanzen zwischen materiellen Körpern (Atomen), die das beobachtete Interferenzmuster bestimmen. Mit diesem geeignet verstandenen Begriff von „Abstand“ sind also „Abstandsänderungen“ von 10^{-17} m und genauer mit heutigen Technologien im Bereich des Möglichen – und des Tatsächlichen, wie die beiden beobachteten Ereignisse lehren.

Das erste Ereignis wurde am 14. September 2015 registriert und trägt deshalb den Namen GW150914 (nach der in den USA üblichen Anordnung bei Daten); die Entdeckung wurde am 11. Februar 2016 verkündet. Das zweite Ereignis wurde am

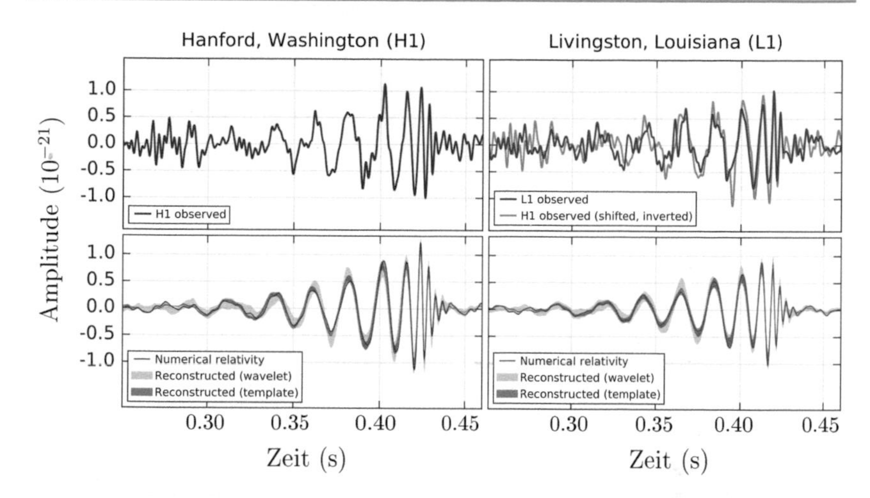

Abb. 6.3 Die Graphiken zeigen getrennt für beide Detektoren der LIGO-Kollaboration in Hanford (H1, links) und Livingston (L1, rechts) die tatsächlich gemessenen Signale (oben) des Ereignisses GW150914 und deren theoretische Modellierung (unten) mithilfe der numerischen Integration der Einstein-Gleichungen. Das Signal wurde zuerst mit dem Detektor L1 registriert und 6,9 ms später mit H1. Vertikal ist die relative Längenänderung $\Delta L/L_0$ in Einheiten von 10^{-21} aufgetragen, horizontal die Zeit in Sekunden. (Quelle: Abbott et al. 2016a, S. 2)

26. Dezember 2015 gemessen und am 15. Juni 2016 verkündet; es trägt daher den Namen GW151226.

Betrachten wir das erste Ereignis etwas genauer. Es wurde von den beiden LIGO-Detektoren in einem zeitlichen Abstand von etwa 7 ms registriert, was die mit Lichtgeschwindigkeit erfolgende Ausbreitungsgeschwindigkeit der Gravitationswellen widerspiegelt. Das Signal ist in Abb. 6.3 wiedergegeben. Aus der detaillierten Auswertung dieser Signale lassen sich Rückschlüsse auf das System ziehen, das diese Signale aussendet. Man erkennt, dass die Frequenz des Signals über die kurze Zeit von 0,2 s von 35 auf 150 Hz anwächst. Dies weist auf ein System von zwei kompakten Objekten hin, die immer enger umeinander kreisen und schließlich verschmelzen. Der Wert der Frequenz und deren zeitliche Ableitung verrät zunächst etwas über die Masse des Systems. Um dies einzusehen, erinnern wir uns als erstes daran, dass die Frequenz ν der Gravitationswelle doppelt so groß ist wie die Bahnfrequenz f des emittierenden Systems; das heißt $\nu = 2f$ (vgl. Fußnote 6 in Kap. 4). Wir kennen also f und dessen zeitlichen Verlauf, insbesondere auch die erste Ableitung $\dot{f}$. Dann erinnern wir uns, dass die Bahnperiode P – also das

Inverse der Bahnfrequenz $P = 1/f$ – und deren zeitliche Ableitung $\dot{P}$ mit der Masse durch die Gl. (5.7) verbunden sind. Jedenfalls haben wir diese Beziehung für den Fall abgeleitet, dass beide Massen gleich sind. Tatsächlich bleibt diese Beziehung aber im allgemeinen Fall ungleicher Massen gültig, wenn wir in ihr die Masse M (die in R_S steht) durch das $2^{1/5}$–fache der sogenannten *Chirp-Masse*[1] ersetzen, wie bereits in Fußnote 4 in Kap. 5 erwähnt. Also können wir die Chirp-Masse $\mathcal{M}$, die eine bestimmte Kombination der Einzelmassen M_1 und M_2 ist, als Funktion der Bahnfrequenz f und deren zeitlicher Ableitung $\dot{f}$ ausdrücken. Das Resultat ist

$$\mathcal{M} := \frac{(M_1 M_2)^{3/5}}{(M_1 + M_2)^{1/5}} = \frac{c^3}{G} \left(\frac{5\dot{f}}{96\pi^{8/3} f^{11/3}} \right)^{3/5} . \tag{6.1}$$

Aus den beobachteten Werten für f und $\dot{f}$ findet man $\mathcal{M} \approx 30 M_\odot$. Da $\mathcal{M}$ gemäß Formel (6.1) aber immer kleiner oder gleich (letzteres falls $M_1 = M_2$) dem $2^{-6/5}$–fachen von $(M_1 + M_2)$ ist, kann man auf eine Gesamtmasse von $M = M_1 + M_2 \gtrsim 70 M_\odot$ schließen.

Es gehört zu den erstaunlichen Befunden von GW150914, dass der Wert der Chirp-Masse und damit der Gesamtmasse so hoch ist; soll heißen: deutlich höher als wenige Sonnenmassen. Es folgt daraus nämlich, dass es sich unmöglich um „normale“ Sterne handeln kann, einfach weil das System zu kompakt ist. Das sieht man leicht ein, wenn man sich daran erinnert, dass Gesamtmasse und Bahnperiode nach dem Kepler'schen Gesetz den Abstand bestimmen. Im vorliegenden Fall ergeben sich enorm kleine Abstände von nur wenigen hundert Kilometern! Demnach müssen die Sterne selbst kleinere Radien haben, denn sonst wären sie ja bereits zusammengestoßen. Gewöhnliche Sterne haben aber Radien von Millionen von Kilometern, Weiße Zwerge immerhin noch von einigen zehntausend. Nur Neutronensterne können sich ohne Kollision so nahe kommen; allerdings können Neutronensterne zusammen nicht diese Gesamtmasse bereitstellen, da sie oberhalb einer Grenze von etwa drei Sonnenmassen nicht existieren können. Demnach müsste mindestens ein Partner von GW150914 ein Schwarzes Loch sein. Dass tatsächlich beide Schwarze Löcher sein müssen, können wir erst schließen, wenn wir wissen, dass keine der beiden Massen M_1 und M_2 in Bereich weniger Sonnenmassen liegt.

---

[1]Das englische Wort „chirp“ bezeichnet einerseits das Gezwitscher (von Vögeln), in der Technik aber auch eine linear in der Zeit anwachsende Frequenz. Ist allgemein ν eine von der Zeit abhängige Frequenz, dann bezeichnet man auf Englisch die erste Zeitableitung $\dot{\nu}$ als den „chirp“. Ein positiver „chirp“ ist also Ausdruck einer ansteigenden Frequenz. Zeigt die Frequenz ν einer Gravitationswelle (und damit die Bahnfrequenz $f = \nu/2$ des emittierenden Systems) einen positiven „chirp“, so ist dies ein Anzeichen dafür, dass das System Energie verliert.

An dieser Stelle müssen wir etwas vorsichtig sein, denn alle hier explizit angeführten Ableitungen stehen unter dem Vorbehalt der linearen Näherung, die in späteren Stadien der Annäherung (wenn sich die Schwarzen Löcher bis auf einige Schwarzschildradien einander angenähert und nur noch wenige Umläufe bis zur Kollision vor sich haben) sicher nicht mehr gültig ist. Um also den gesamten zeitlichen Verlauf des Signals theoretisch zu reproduzieren, muss man die vollen nichtlinearen Einstein-Gleichungen mit Hochleistungsrechnern lösen. Man kann dann bedeutend mehr Informationen aus dem Signal extrahieren als oben angedeutet; insbesondere kann man die individuellen Massen M_1 und M_2 zu 29 beziehungsweise 36 Sonnenmassen bestimmen. (Das ergibt zusammen 65 und nicht 70 Sonnenmassen, was zeigt, dass wir in unserer obigen, auf den linearen Gleichungen basierenden Abschätzung die Gesamtmasse um 10 % überschätzt haben.)

Zusammenfassend folgt, dass der beobachtete zeitliche Verlauf des Signals nur erklärt werden kann mit der Annahme, dass hier zwei Schwarze Löcher zu einem einzigen Schwarzen Loch verschmelzen. Dieses resultierende Schwarze Loch weist die Eigenschaften der sogenannten Kerr-Geometrie auf, von der man weiß, dass sie eindeutig den stationären Endzustand eines rotierenden Schwarzen Lochs beschreibt. Dieser Prozess ist in Abb. 6.4 veranschaulicht, die der Originalveröffentlichung (Abbott et al. 2016a) entnommen ist. Wir verweisen auch auf die lesenswerte elementare Darstellung in Abbott et al. (2016c). Bezüglich des Resultates schreiben die Autoren der LIGO- VIRGO-Kollaboration selbstbewusst (Abbott et al. 2016a):[2]

> Dies lässt Schwarze Löcher als die einzigen bekannten Objekte zu, die kompakt genug sind, um ohne Kontakt eine Bahnfrequenz von 75 Hz zu erreichen. Darüber hinaus ist die Form der Amplitudenabnahme nach dem Maximum konsistent mit den gedämpften Schwingungen eines Schwarzen Lochs, das sich der endgültigen stationären Kerr-Konfiguration annähert.

Das sich nach Kollision der beiden ergebende Schwarze Loch weist eine Masse von 62 Sonnenmassen auf. Daraus folgt, dass das Energieäquivalent von drei Sonnenmassen (nach Mc^2) in Form von Gravitationswellen abgestrahlt wurde, und dies in einer Zeit von wenigen hundertstel Sekunden! Die maximale Leuchtkraft, die dabei erzielt wurde, nimmt den unvorstellbar hohen Wert von über dreimal 10^{49} Watt an, das ist das 10^{23}-fache der Sonnenleuchtkraft und entspricht etwa der elektromagnetischen Luminosität aller Sterne im sichtbaren Universum zusammen, wie bereits in Kap. 3 zur Sprache kam (vgl. auch Fußnote 5 in Kap. 4). Niemals zuvor hat man einen derart gewaltigen Energieausstoß direkt beobachtet. Und zum ersten Mal konnte eine„direkte“ Beobachtung von Schwarzen Löchern gelingen.

[2]Diese Übersetzung aus dem Englischen ist unsere.

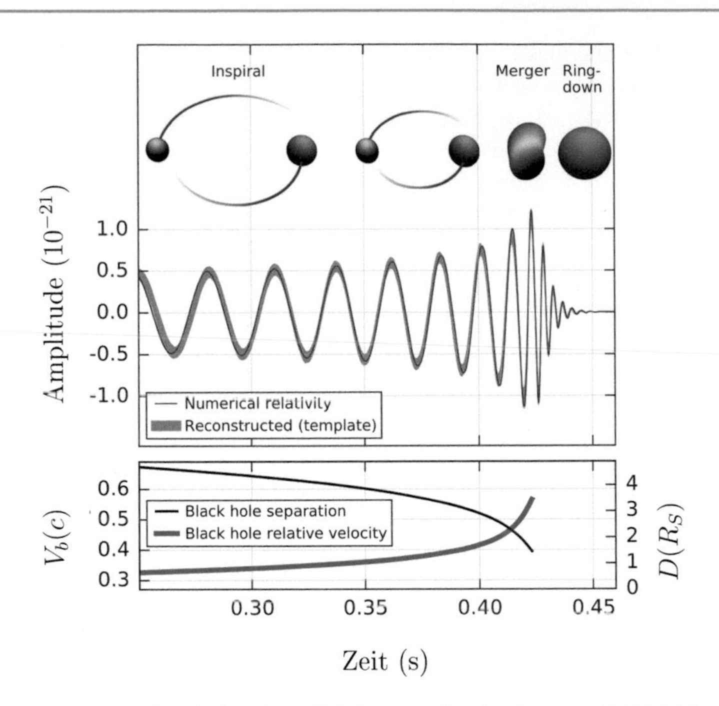

Abb. 6.4 Diese Graphik zeigt im oberen Teil den zum Signalverlauf von GW150914 gehörenden Prozessablauf des Annäherns *(Inspiral)* und Verschmelzens *(Merger)* zweier Schwarzer Löcher, sowie des Abklingens *(Ringdown)* nach Bildung des Endprodukts. Im unteren Teil sind die dabei angenommen Abstände D (obere Kurve, in Einheiten des Schwarzschildradius R_S der in (4.12) definiert wurde) und Bahngeschwindigkeiten V_b (untere Kurve, in Einheiten der Vakuum-Lichtgeschwindigkeit c) dargestellt. Daraus geht insbesondere hervor, dass die Schwarzen Löcher mit nahezu 60 % der Lichtgeschwindigkeit zusammenstoßen. (Quelle: Abbott et al. 2016a, S. 3)

Auch ein weiterer Aspekt sorgt für Faszination. Die Verschmelzung der beiden Schwarzen Löcher zu einem einzigen ereignete sich in einer Entfernung von über einer Milliarde Lichtjahren, was bedeutet, dass es vor mehr als einer Milliarde Jahren stattfand. (Das Alter des Universums beträgt etwa 13,8 Mrd. Jahre.) Es sind dies Abstände und Zeiten kosmologischen Ausmaßes.

Das zweite Ereignis GW151226 lässt ähnliche Rückschlüsse zu. Auch hier verschmolzen zwei Schwarze Löcher zu einem einzigen; diesmal zwei leichtere Löcher mit etwa 14,2 und 7,5 Sonnenmassen zu einem Loch mit 20,8 Sonnenmassen. Wieder ist die Entfernung mit mehr als einer Milliarde Lichtjahren von kosmologischem Ausmaß.

Neben der Verschmelzung von Schwarzen Löchern erhofft man auch die Verschmelzung von anderen kompakten Objekten, insbesondere Neutronensternen, beobachten zu können oder die Verschmelzung von einem Schwarzen Loch mit einem Neutronenstern. Auch die Beobachtung von Supernovaausbrüchen wird anvisiert. Letztere ergeben nur dann ein ausreichendes Signal, wenn der Ausbruch wesentlich von der Kugelsymmetrie abweicht; schließlich gibt es ja im sphärisch-symmetrischen Fall keine Gravitationswellen, da dann keine veränderlichen Quadrupol- oder höheren Momente existieren können, wie oben bereits diskutiert wurde.

7 Gravitationswellen, Kosmologie und Quantengravitation

Bisher haben wir Gravitationswellen im Rahmen von Einsteins Allgemeiner Relativitätstheorie beschrieben. Im allgemeinen reicht dabei die lineare Näherung aus, in der man eine Wellengleichung analog zum Elektromagnetismus findet und in der sich Einsteins berühmte Quadrupolformel ableiten lässt. Für starke Signale, wie sie etwa beim direkten Verschmelzungsakt Schwarzer Löcher auftreten, muss man hingegen die vollen Gleichungen numerisch lösen.

Einsteins Theorie ist aber unvollständig, wie man nicht zuletzt aus den berühmten Singularitätentheoremen von Penrose, Hawking und anderen weiß. Diese mathematischen Theoreme, die natürlich auf der Allgemeinen Relativitätstheorie beruhen, darüber hinaus aber nur sehr allgemeine und physikalisch gesicherte Voraussetzungen an die das Gravitationsfeld erzeugende Materie machen, besagen, dass Lösungen der Einstein-Gleichungen im Allgemeinen immer irgendwo Singularitäten aufweisen, etwa vergleichbar der Singularität im Inneren eines Schwarzen Lochs, wo die gravitativen Spannungskräfte auf einen einfallenden Körper unendlich groß werden (Krümmungssingularität). Das ist physikalisch natürlich unbefriedigend und deutet darauf hin, dass man vermutlich die Quantentheorie mit einbeziehen muss, um eine geschlossene und konsistente Beschreibung der Gravitation zu erhalten, die dann als fundamentaler anzusehen ist. Gravitation und Quantentheorie zusammen sollten dann zu einer Theorie der *Quantengravitation* führen, die aber bis heute nur in Ansätzen vorliegt.

Interessanterweise hat bereits Einstein in seiner ersten Arbeit zu Gravitationswellen über eine solche Modifikation seiner Theorie spekuliert. Er schreibt dort (Einstein 1916):

> Gleichwohl müßten die Atome zufolge der inneratomischen Elektronenbewegung nicht nur elektromagnetische, sondern auch Gravitationsenergie ausstrahlen, wenn auch in winzigem Betrage. Da dies in Wahrheit in der Natur nicht zutreffen dürfte,

D. Giulini und C. Kiefer, *Gravitationswellen*, essentials,
DOI 10.1007/978-3-658-16013-5_7

> so scheint es, daß die Quantentheorie nicht nur die Maxwell'sche Elektrodynamik, sondern auch die neue Gravitationstheorie wird modifizieren müssen.

Einige Jahre zuvor, im Jahr 1913, hatte der dänische Physiker Niels Bohr (1885 bis 1962) seine Quantenbedingungen postuliert, um die von der klassischen Elektrodynamik vorhergesagte Instabilität der Atome zu vermeiden. Nach dieser Theorie kreisen negativ geladene Elektronen um einen positiv geladenen Kern und stürzen unweigerlich in den Kern, da sie Dipolstrahlung aussenden. Nach Bohr sollte es hingegen feste Bahnen geben, insbesondere eine Bahn niedrigster Energie, in der das Elektron nicht mehr strahlt. Von Bohr noch ad hoc postuliert, konnte die Existenz diskreter Energiewerte durch die 1925 bis 1927 vollendete Quantentheorie begründet werden. Bahnen gibt es in der Quantentheorie freilich keine mehr, nur noch sogenannte Wellenfunktionen, aus denen sich Aufenthaltswahrscheinlichkeiten berechnen lassen.

Wegen der von ihm selbst vorausgesagten Existenz von Gravitationswellen vermutete Einstein, dass auch wegen der Energieabstrahlung durch Gravitationswellen Elektronen in den Kern stürzen würden und deshalb die neue Theorie, seine Allgemeine Relativitätstheorie, modifiziert werden müsse. Einstein vermutete, dass dies durch die Quantentheorie geschähe. Freilich lag 1916 diese Theorie nur ansatzweise vor, und gerade Einstein sollte später eine kritische Haltung gegenüber der Quantentheorie einnehmen (siehe hierzu Kiefer 2015).

Ganz allgemein nimmt man heute an, dass auch das Gravitationsfeld Quanteneigenschaften habe und dass deshalb eine Theorie der Quantengravitation konstruiert werden müsse.[1] Üblicherweise verknüpft man mit der Quantengravitation die sogenannte Planck-Skala[2], die sich ergibt, wenn man die Lichtgeschwindigkeit (c), die Gravitationskonstante (G) und das Wirkungsquantum ($\hbar$) zu Einheiten von Länge, Zeit und Masse zusammensetzt. Es ergeben sich dann Planck-Länge l_P, Planck-Zeit t_P und Planck-Masse m_P,

---

[1] Siehe etwa Kiefer (2008) für eine allgemein verständliche Übersicht der vorliegenden Ansätze.

[2] In bezug auf die Planck-Skalen führen elementare Überlegungen zu folgenden physikalisch-heuristischen Folgerungen: l_P entspricht der Länge, unterhalb der ein einzelnes Photon entsprechender Wellenlänge zu einem Schwarzen Loch kollabieren müsste, einfach weil es hinreichend viel Energie in einem kleinen Raumbereich lokalisiert; m_P ist die Masse, unterhalb der ein Schwarzes Loch entsprechender Masse eine minimale quantenmechanische Ausdehnung (Compton-Wellenlänge) größer als den Schwarzschild-Radius haben müsste. In beiden Fällen wird deutlich, dass die gleichzeitige Anwendung quantenmechanischer und allgemeinrelativistischer Prinzipien zu elementaren begrifflichen Kollisionen führt, die allgemein als Indiz für die Notwendigkeit einer fundamentaleren Theorie der Quantengravitation verstanden werden.

$$l_{\mathrm{P}} := \sqrt{\frac{\hbar G}{c^3}} \approx 1.62 \times 10^{-33} \text{ cm}, \tag{7.1a}$$

$$t_{\mathrm{P}} := \frac{l_{\mathrm{P}}}{c} = \sqrt{\frac{\hbar G}{c^5}} \approx 5.40 \times 10^{-44} \text{ s}, \tag{7.1b}$$

$$m_{\mathrm{P}} := \frac{\hbar}{l_{\mathrm{P}} c} = \sqrt{\frac{\hbar c}{G}} \approx 2.17 \times 10^{-5} \text{ g} \approx 1.22 \times 10^{19} \text{ GeV}/c^2. \tag{7.1c}$$

Was ergibt sich in der Quantengravitation für die oben diskutierten schwachen Gravitationswellen? Mit dem elektromagnetischen Feld ist in der Quantentheorie ein „Teilchen" verknüpft, das *Photon*. Ein dazu analoges Teilchen erwartet man in einer Quantengravitation: das *Graviton*. Sowohl Graviton als auch Photon sind dadurch charakterisiert, dass sie eine zumindest nahezu verschwindende Ruhemasse besitzen, was mit den großen Reichweiten dieser beiden Wechselwirkungen zu tun hat. Sie unterscheiden sich allerdings im Spin, der beim Photon 1, beim Graviton aber 2 beträgt. Dies ist Ausdruck der Tatsache, dass der dominante Multipolbeitrag zur elektromagnetischen Strahlung der des Dipolmoments ist, im Falle der Gravitation aber der des Quadrupolmoments. Aus der Beobachtung des Ereignisses GW150914 konnte man auch eine Schranke an die Gravitonmasse finden, da sich Gravitationswellen bei einer Masse größer als null mit Unterlichtgeschwindigkeit bewegen müssen. Die von Abbott et al. (2016a) angegebene Schranke beträgt[3]

$$m_{\mathrm{g}} \lesssim 1{,}2 \times 10^{-22} \text{ eV}/c^2, \tag{7.2}$$

was sogar besser als die experimentelle Schranke für die Photonmasse ist: $m_\gamma \leq 10^{-18}\text{eV}/c^2$.

Bei den Ereignissen, die man mit den LIGO-Detektoren registrieren kann, spielen mögliche Quanteneigenschaften des Gravitationsfeldes aller Wahrscheinlichkeit nach keine Rolle. Das ist anders bei Ereignissen im frühen Universum, deren Auswirkungen heute beobachtet werden können. Nach gängigen kosmologischen Vorstellungen durchlief das Universum in einer sehr frühen Phase (etwa 10^{-32} Sekunden nach dem Urknall) eine quasi-exponentielle Ausdehnung, die sogenannte *Inflation*. Verursacht wird diese Inflation entweder durch ein weiteres physikalisches Feld, das quantenfeldtheoretisch einem Teilchen mit Spin 0 entspricht, das man auch „Inflaton" nennt, oder durch die Gravitation selbst. Wesentlich ist nun, dass die Inflation dazu führt, dass aus einem als Anfangszustand angenommenen Vakuum-Quantenzustand Teilchen erzeugt werden, darunter Gravitonen. Tatsäch-

[3] Wir benutzen hier die in der Teilchenphysik übliche Masseneinheit $\text{eV}/c^2 = 1{,}78 \cdot 10^{-36}$ kg, wobei $\text{eV} = 1{,}6 \cdot 10^{-19}$ Joule für die Energieeinheit „Elektronenvolt" steht.

lich kann man die erzeugte Leistung L dieser Gravitonenerzeugung berechnen und findet einen Ausdruck der Form

$$L \propto (t_P H)^2 \,, \tag{7.3}$$

in den explizit die obige Planck-Zeit eingeht. (H ist die Expansionsrate, auch Hubble-Parameter genannt, der Inflation und hat die Dimension einer inversen Zeit). In Detektoren kann man allerdings keine einzelnen Gravitonen nachweisen, sondern nur das Mittel über sehr viele dieser Teilchen, was sich als Gravitationswelle mit einem bestimmten Spektrum äußert.

Im Jahr 2014 wurden die Forscher durch eine Nachricht in Aufregung versetzt, wonach das sich am Südpol befindliche BICEP2-Instrument indirekt solche aus dem frühen Universum stammenden Gravitationswellen nachgewiesen habe. Dieses Instrument ist für die Beobachtung der Kosmischen Hintergrundstrahlung bestimmt, der Strahlung, die aus der strahlungsdominierten Phase des Universums stammt, 380.000 Jahre nach dem Urknall freigesetzt wurde und heute auf etwa drei Kelvin abgekühlt ist. Die Existenz frühzeitlicher Gravitonen kann man bestimmten Polarisationseigenschaften der Hintergrundstrahlung entnehmen. Wäre die Interpretation der BICEP2-Daten korrekt gewesen, hätte man indirekt Gravitonen aus dem frühen Universum nachgewiesen. Leider hat sich herausgestellt, dass die Messungen zwar korrekt waren, das Signal aber von Störquellen nichtkosmologischen Ursprungs hervorgerufen wurde. Das bedeutet nicht, dass ein solches Signal nicht existiert; es bedeutet nur, dass ein mögliches Signal zu schwach ist, um bisher einen Nachweis zu gestatten.

Ein direkter Nachweis solcher frühzeitlichen Gravitationswellen könnte mit Hilfe von Detektoren vollzogen werden, die sich im Weltraum befinden. Das trifft allgemein auf Gravitationswellen zu, die sehr große Wellenlängen und sehr kleine Frequenzen haben (unterhalb von 0,01 Hz). Für derart kleine Frequenzen verhindern seismische Störquellen einen terrestrischen Nachweis. Das vor einigen Jahren von NASA und ESA gemeinsam geplante Weltrauminterferometer LISA wurde wegen der Mittelstreichung durch die NASA vor einigen Jahren auf Eis gelegt. Geplant ist derzeit eine rein europäische Mission, ELISA, mit eingeschränkteren Möglichkeiten. Allerdings ist mit einem Start nicht vor 2034 zu rechnen. Als Vorbereitung für diese Mission wurde am 3.12.2015 der Satellit LISA-Pathfinder erfolgreich gestartet.

Was Sie aus diesem *essential* mitnehmen können

- Gravitationswellen sind eine notwendige Folge der Allgemeinen Relativitätstheorie und bezeugen die Existenz eigenständiger Freiheitsgrade des Gravitationsfeldes. Sie wurden erstmals 2015 direkt auf der Erde nachgewiesen.
- Gravitationswellen in messbarer Stärke entstehen in hochenergetischen astrophysikalischen Prozessen, wie etwa der Kollision Schwarzer Löcher oder der Explosion von Sternen (Supernovae).
- Ausgehend von den nun erfolgten ersten Detektionen wird sich in absehbarer Zukunft eine Gravitationswellenastronomie entwickeln, deren Erkenntnisgewinne derzeit gar nicht abzuschätzen sind.

D. Giulini und C. Kiefer, *Gravitationswellen,* essentials,
DOI 10.1007/978-3-658-16013-5

Literatur

Abbott, B. P., et al. 2016a. Observation of gravitational waves from a binary black hole merger. *Physical Review Letters* 116:061102(1–15). https://arxiv.org/abs/1602.03837.

Abbott, B. P., et al. 2016b. GW151226: Observation of gravitational waves from a 22-solar-mass binary black hole coalescence. *Physical Review Letters* 116:241103(1–14). https://arxiv.org/abs/1606.04855.

Abbott, B. P., et al. 2016c. The basic physics of the binary black hole merger GW150914. https://arxiv.org/abs/1608.01940.

Einstein, Albert. 1915. Die Feldgleichungen der Gravitation. *Sitzungsberichte der Königlich Preußischen Akademie der Wissenschaften* (Berlin), 844–847. Wiederabdruck in: Anne Kox, Hrsg. *Albert Einstein, Gesammelte Schriften*, Bd. 6, 245–248. Princeton: Princeton University Press (1996).

Einstein, Albert. 1916. Näherungsweise Integration der Feldgleichungen der Gravitation. *Sitzungsberichte der Königlich Preußischen Akademie der Wissenschaften* (Berlin), 688–696. Wiederabdruck in: Anne Kox, Hrsg. *Albert Einstein, Gesammelte Schriften*, Bd. 6, 348–356. Princeton: Princeton University Press (1996).

Einstein, Albert. 1918. Über Gravitationswellen. *Sitzungsberichte der Königlich Preußischen Akademie der Wissenschaften* (Berlin), 154–167. Wiederabdruck in: Michel Janssen, Hrsg. *Albert Einstein Gesammelte Schriften*, Bd. 7, 12–25. Princeton: Princeton University Press (2002).

Fösling, Albrecht. 1997. *Heinrich Hertz. Eine Biographie*. Hamburg: Hoffmann und Campe.

Giulini, Domenico. 2013. Einstein im Quantentest. *Spektrum der Wissenschaft*, Oktober 2013. Ungekürzte Version auf. https://arxiv.org/abs/1309.0214.

Giulini, Domenico. 2014. Does cosmological expansion affect local physics? *Studies in History and Philosophy of Modern Physics* 46 (A): 24–37. https://arxiv.org/abs/1306.0374.

Giulini, Domenico. 2015. *Spezielle Relativitätstheorie*. Frankfurt a. M.: Fischer.

Hehl, Friedrich, und Paul von der Heyde. 1972. Gravitationswellen. *Naturwissenschaftliche Rundschau* 25:419–430.

Hertz, Heinrich. 1894. *Die Prinzipien der Mechanik. In neuem Zusammenhange dargestellt*. Leipzig: Johann Ambrosius Barth.

Kennefick, Daniel. 2007. *Travelling at the speed of thought – Einstein and the quest for gravitational waves*. Princeton: Princeton University Press.

Kiefer, Claus. 2008. *Der Quantenkosmos*. Frankfurt a. M.: Fischer.

D. Giulini und C. Kiefer, *Gravitationswellen*, essentials,
DOI 10.1007/978-3-658-16013-5

Kiefer, Claus, Hrsg. 2015. *Albert Einstein, Boris Podolsky, Nathan Rosen: Kann die quantenmechanische Beschreibung der physikalischen Realität als vollständig betrachtet werden?* Berlin: Springer Spektrum.

Rickles, Dean, und Cécile M. DeWitt, Hrsg. 2011. *The role of gravitation in physics. Report from the 1957 Chapel Hill conference*. Edition Open Sources. http://www.edition-open-access.de/sources/5/toc.html.

Schüller, Volkmar (Übersetzer und Herausgeber). 1999. *Isaac Newton: Die Mathematischen Prinzipien der Physik*. Berlin: De Gruyter.

Turnbull, Herbert Westren, Hrsg. 1961. *The Correspondence of Isaac Newton, Vol. III (1688–1694)*. Cambridge: Cambridge University Press.

Weisberg, Joel M. und Yuping Huang. 2016. Relativistic measurements from timing the binary pulsar PSR B1913+16. http://arxiv.org/abs/1606.02744.

Will, Clifford M. 2014. The confrontation between general relativity and experiment. *Living Reviews in Relativity* 17. http://www.livingreviews.org/lrr-2014-4.

Zum Weiterlesen

Bührke, Thomas. 2013. Wie kosmische Uhren ticken. *Max-Planck-Forschung* 3 (13): 48–54. http://www.weltderphysik.de/gebiet/astro/sterne/pulsare.

Kiefer, Claus. 2008. *Der Quantenkosmos*. Frankfurt a. M.: Fischer.

Kiefer, Claus. 2003. *Gravitation*. Frankfurt a. M.: Fischer.

Sterne und Weltraum 11/2015, Titelthema Gravitationswellen – Beiträge von Felicitas Mokler, Karsten Danzmann und Markus Pössel.

Reichert, Uwe. 2016. Eine neue Ära der Astrophysik. *Sterne und Weltraum* 4 (2016): 24–35.

Will, Clifford M. 1989. ... *und Einstein hatte doch recht*. Berlin: Springer.

Printed in the United States
By Bookmasters